機械工学ライブラリ
UKM-12

理工系のための
線形代数

石田敦英

数理工学社

編者のことば

機械工学は，機械（広義には「もの」）の研究，開発，設計，製造方法から，機械の使用方法，メンテナンス，リサイクルまで，機械に関係するすべての現象・事項を対象とする工学の一分野である．機械力学，材料力学，熱力学，流体力学という 4 つの力学と，設計，製図，機械製作を基幹として，これらに関連した応用数学，制御工学，計測法，電気・電子工学，材料科学，プログラミング，経営工学，技術者倫理，各種機械の各論（例えば，原動機や流体機械）などから構成されている．俗に，機械技術者はつぶしが効くと言われるが，上記のように機械工学がカバーする分野の広さを考えると，言い得て妙であろう．

産業革命以来，科学技術は急速な進歩・発展を遂げ，現在は情報化社会となっている．貧富の格差は依然として残されているが，数多くの技術者や科学者を始めとした多くの方々の弛まぬ努力により，人類は歴史上類を見ない豊かで健康な社会を実現したといえよう．過去 300 年にわたる機械工学の発展が現在の豊かな社会を築く上で多大な貢献をなしてきたことに異論はないのではないだろうか．しかしながら，野放図な発展の結果として，現在の社会が環境問題や人口爆発（食糧問題）などグローバルな課題に直面していることも事実である．このため，国際連合が提唱する SDGs，化石燃料の使用を抑制して環境問題・エネルギー問題の解決を図る脱炭素化（カーボンニュートラル）などに見られるように，グローバルな問題の解決に向けて全世界で取組みが始まっている．また，日本では，これらのグローバルな問題に加えて，少子高齢化が喫緊の課題として取り上げられていることも周知の事実である．機械技術者は，これらのグローバルな問題の多くに対して，将来，機械工学に基づく技術的な解決策を提供しなければならないことは論を俟たない．世界的な規模で将来のより豊かで持続可能な社会を実現するためには，機械工学あるいは機械技術者が今後果たすべき役割は非常に大きいといえよう．

「機械工学ライブラリ」の編集にあたっては，大学や高等専門学校で機械工学を学ぶ学生を主たる対象とすることとした．このため，4 力学などの基幹専門分野に関する巻を充実させることを重要な目標とした．また，機械工学を学修するために必要な応用数学，制御工学などの関連分野を広く網羅することとし，機械工学を学修する学生が将来機械技術者となって活躍できる基盤を提供することを目指した．本ライブラリが機械工学の基本的な専門知識および技術を網羅する書籍群となることを大いに期待している．また，本ライブラリは大学院生や若手技術者など機械技術者として成長を期する方々にとっても有用な書籍となるであろう．なお，全巻の構成については別表を参照いただきたい．

本ライブラリが機械工学を学修する大学学部生，高等専門学校生，大学院生，企業で働く若手技術者の一人でも多くの方々に利用され，機械工学に関する専門知識の獲得および技術の向上に活用され，機械技術者として将来大いに活躍するための礎となれば幸いである．

2022 年 12 月

機械工学ライブラリ
編者　山本 誠　後藤田 浩

「機械工学ライブラリ」書目一覧

1　機械力学	9　制御工学
2　材料力学	10　生産加工学
3　初歩からの 材料強度学	11　機械製図
4　入門流体力学	12　理工系のための 線形代数
5　基礎流体力学	13　理工系のための 微分積分
6　熱力学の基礎	14　理工系のための 応用解析
7　熱物質移動学	15　理工系のための 確率統計
8　機械設計学	

まえがき

次の連立1次方程式を考えましょう．

$$\begin{cases} 2x + 3y = 8 \\ x + 2y = 5 \end{cases}$$

「これを解きなさい」と言われれば皆さんどのように解くのでしょうか．第2式目を

$$x = 5 - 2y$$

と変形して第1式目に代入するのも1つの方法かもしれません．しかしここでは，やや冗長に感じるかもしれませんが，この連立1次方程式を2式の加減と入れ替えだけで解いてみましょう．まず，第1式目と第2式目を入れ替えます．

$$\begin{cases} x + 2y = 5 \\ 2x + 3y = 8 \end{cases}$$

次に，第2式目に第1式目の -2 倍を加えます．

$$\begin{cases} x + 2y = 5 \\ - y = -2 \end{cases}$$

次に，第1式目に第2式目の2倍を加えます．

$$\begin{cases} x \phantom{{}-y} = 1 \\ - y = -2 \end{cases}$$

最後に，第2式目を -1 倍すると

$$\begin{cases} x = 1 \\ y = 2 \end{cases}$$

と解が得られます．

本書は線形代数の基礎を演習形式で解説するもので，今まで数学が苦手で避けてきた学生，あるいは大学での線形代数の講義が難しくてよく分からないと

いう学生，このような学生でも決してつまずくことなく理解できる入門書を意識しました．上の例はとても簡単な計算であるものの，本書で扱う事柄の本質を物語っています．いきなり連立1次方程式を解いたわけですが，その計算を振り返ってみると，足し算と掛け算しか用いてないことにお気づきでしょうか．数学が嫌いで仕方ないという方でも，足し算と掛け算が分かれば理解することができます．本書の特長として，本文中に多くの例題と問題を入れました．また章末にはやや難しい問題も含む演習問題を載せてあります．例題の解答は本文中に，本文中の問題と演習問題の解答は巻末にすべて記しました．読み進め方としては，とにかく自分の手で計算をして下さい．理屈はともかく体で身につけていきましょう．だからと言って理屈が不要と主張しているのでは決してありません．線形代数は整然とした理論の上に成り立つ学問であり，具体的な計算はこういった数学の厳密な理論を支えるものの1つなのです．本書で身につけたきちんとした計算力を活かし，皆さんがさらに進んだ数学を学ぶきっかけとなれば嬉しく思います．

構成としては，第1章では主に2行2列の行列を用いて，行列の基本的な計算規則を身につけます．本章は非常に基礎的な内容であり，数学が得意な方は本章をとばして第2章から読み始めても一向に構いません．疑問に思う所に出会ったときに第1章の必要な部分に戻ればよいのです．こういった読み方も数学を学ぶ上で重要です．第2章からが，いわゆる一般に言われる線形代数となります．連立1次方程式の解法を背景として，行列の基本変形，逆行列や行列式を学びます．第3章では対角化の理論を述べます．行列の対角化はベクトル空間の理解を経由するのが通例かと思います．しかし，計算方法を身につけることで対角化の理解を促すという立場は他書にはない本書の特色の1つです．また対角化の応用として連立微分方程式の解法も付しました．本書の主題とは少しずれているかもしれませんが，これも線形代数の他書ではあまり見かけない話題ではないでしょうか．第2章および第3章では計算の都合上どうしても様々な定理を使うところもありますが，証明などはほとんど省きました．演習形式という本書の体裁を考慮し，理屈よりも意味や使い方を重要視したこと，また証明の細部にこだわりすぎて全体のざっくりとした理解の妨げとなるのを避けたかったことが理由です．これらの定理は線形代数と名の付く教科書であればどれでも書いてあるようなものです．気になる方は各自で調べて頂きたく思います．また，線形代数として通常よく取り上げられるベクトル空間と線形写像については，計算だけでなく理論的な側面も主となるので最後の第 4 章としました．この第 4 章ではすべてに証明を与えてあります．他の章とは雰囲気が異なりますがベクトル空間と線形写像の独立した速修コースとしても読み進めることができるかと思います．

最後に，書きかけの原稿を丁寧に読んで誤りなどを指摘下さった株式会社数理工学社の田島伸彦さん，鈴木綾子さん，仁平貴大さんには心より感謝致します．

2023 年 1 月

著者

目　　次

第1章

2 次正方行列と計算

行列というものにはじめて触れることを前提として，この章では 2 次正方行列の計算を中心に習熟する．2 次正方行列の計算がきちんとできれば，次章で扱うようなより大きな行列にもそれほど抵抗は感じなくなる．行列の積や逆行列などの基本的な性質をしっかりと理解しよう．

1.1 行列の演算

行列 実数 a_{jk} に対して，

$$\begin{pmatrix} a_{11} & a_{12} & \cdots & a_{1n} \\ a_{21} & a_{22} & \cdots & a_{2n} \\ & \cdots & \cdots & \\ a_{m1} & a_{m2} & \cdots & a_{mn} \end{pmatrix}$$

を $\boldsymbol{m}$ **行** $\boldsymbol{n}$ **列の行列**，あるいは $\boldsymbol{m} \times \boldsymbol{n}$ **行列**，または単に**行列**という．特に $n \times n$ 行列のことを $\boldsymbol{n}$ **次正方行列**ということもある．また各 a_{jk} をそれぞれ**成分**という．m が行を表し，n が列を表していることに注意しよう．例えば

$$A = \begin{pmatrix} 3 & 1 & 5 \\ 2 & 4 & 3 \end{pmatrix} \ 2 \times 3 \text{ 行列}, \quad B = \begin{pmatrix} 2 & x & 5 \\ y & 4 & 3 \\ 1 & 2 & z \end{pmatrix} \ 3 \times 3 \text{ 行列}$$

本書ではこのように行列を記号で表すときは，A や B といったアルファベットの大文字を用いることにより数と区別をする．

行列の和とスカラー倍 **行列の和**を，各成分の和で定義し，**行列のスカラー倍**（定数倍）を，すべての成分に掛けることで定義する．2 次正方行列の場合は以下のようになる．

$$\begin{pmatrix} a & b \\ c & d \end{pmatrix} + \begin{pmatrix} p & q \\ r & s \end{pmatrix} = \begin{pmatrix} a+p & b+q \\ c+r & d+s \end{pmatrix}$$

$$\alpha \begin{pmatrix} a & b \\ c & d \end{pmatrix} = \begin{pmatrix} \alpha a & \alpha b \\ \alpha c & \alpha d \end{pmatrix}$$

行列の和は，行列のサイズ（行の個数と列の個数）が等しいときにしか定義されないことに注意しよう．また**行列の差**は定義されていないように思うかもしれないが，和とスカラー倍を組み合わせて $A - B = A + (-B)$ と計算できる．結局，和と同様に各成分の差を考えればよい．

行列の積　行列 A と B の積 AB は，A の列の個数と B の行の個数が等しいときのみ定義され，2 次正方行列の場合は次のように計算される．

$$\begin{pmatrix} a & b \\ c & d \end{pmatrix} \begin{pmatrix} p & q \\ r & s \end{pmatrix} = \begin{pmatrix} ap+br & aq+bs \\ cp+dr & cq+ds \end{pmatrix}$$

少し分かり辛いかもしれないので，成分ごとに細かく見てみよう．まず積の結果の左上の成分 $ap + br$ であるが，以下の網掛け部分に注目して欲しい．

$$\begin{pmatrix} a & b \\ c & d \end{pmatrix} \begin{pmatrix} p & q \\ r & s \end{pmatrix} = \begin{pmatrix} ap+br & aq+bs \\ cp+dr & cq+ds \end{pmatrix}$$

はじめの行列の 1 行目と次の行列の 1 列目の 2 つの成分の組に対して，a と p，b と r を掛けて足すと思うと理解しやすい．右上の成分 $aq + bs$ は

$$\begin{pmatrix} a & b \\ c & d \end{pmatrix} \begin{pmatrix} p & q \\ r & s \end{pmatrix} = \begin{pmatrix} ap+br & aq+bs \\ cp+dr & cq+ds \end{pmatrix}$$

a と q，b と s を掛けて足すのである．左下は

$$\begin{pmatrix} a & b \\ c & d \end{pmatrix} \begin{pmatrix} p & q \\ r & s \end{pmatrix} = \begin{pmatrix} ap+br & aq+bs \\ cp+dr & cq+ds \end{pmatrix}$$

同様に右下は

$$\begin{pmatrix} a & b \\ c & d \end{pmatrix} \begin{pmatrix} p & q \\ r & s \end{pmatrix} = \begin{pmatrix} ap+br & aq+bs \\ cp+br & cq+ds \end{pmatrix}$$

である．より大きな正方行列の場合も同様で，例えば 3 次正方行列なら

$$\begin{pmatrix} a & b & c \\ d & e & f \\ g & h & i \end{pmatrix}\begin{pmatrix} p & q & r \\ s & t & u \\ v & w & x \end{pmatrix}$$
$$= \begin{pmatrix} ap+bs+cv & aq+bt+hw & ar+bu+cx \\ dp+es+fv & dq+et+fw & dr+eu+fx \\ gp+hs+iv & gq+ht+iw & gr+hu+ix \end{pmatrix}$$

と計算されるのであるが，例えば左上の成分 $ap+bs+cv$ は以下の網掛け部分を同様の規則に従って

$$\begin{pmatrix} a & b & c \\ d & e & f \\ g & h & i \end{pmatrix}\begin{pmatrix} p & q & r \\ s & t & u \\ v & w & x \end{pmatrix}$$

a と p，b と s，c と v を掛けて足すことで得られる．行列の積の規則をあえて一言で言い表すと，“積 AB は A の各列の成分と B の各行の成分を掛けて足し合わせる” であろう．A の j 行と B の k 列を計算したものが積の j, k 成分になることにも注意しよう．

正方行列の場合は，行と列の個数はいつも等しいので積は必ず定義されるが，正方行列でない場合には注意が必要である．例えば

$$\begin{pmatrix} a \\ b \end{pmatrix}\begin{pmatrix} p & q \\ r & s \end{pmatrix}$$

は定義されない．掛け合わす成分のペアが存在せず，積が計算できないからである．しかし，次のように対応する行と列の個数が等しい場合は定義される．

$$\begin{pmatrix} a & b \\ c & d \end{pmatrix}\begin{pmatrix} p \\ q \end{pmatrix} = \begin{pmatrix} ap+bq \\ cp+dq \end{pmatrix}$$
$$\begin{pmatrix} a & b \end{pmatrix}\begin{pmatrix} p & q \\ r & s \end{pmatrix} = \begin{pmatrix} ap+br & aq+bs \end{pmatrix}$$

問題 1.1.1　次の計算をせよ．

(1) $\begin{pmatrix} -1 & 2 \\ 2 & 1 \end{pmatrix}\begin{pmatrix} 0 & 2 \\ 3 & 4 \end{pmatrix}$　　(2) $\begin{pmatrix} 7 & -9 \\ 5 & 1 \end{pmatrix}\begin{pmatrix} 2 & 3 \\ -3 & -8 \end{pmatrix}$

(3) $\begin{pmatrix} \frac{3}{2} & 1 \\ 2 & \frac{1}{3} \end{pmatrix}\begin{pmatrix} 4 & 5 \\ 3 & 6 \end{pmatrix}$　　(4) $\begin{pmatrix} \frac{1}{5} & 2 \\ \frac{3}{4} & 5 \end{pmatrix}\begin{pmatrix} 3 & \frac{1}{3} \\ \frac{4}{5} & \frac{6}{5} \end{pmatrix}$

問題 1.1.2　次の計算をせよ．

(1) $\begin{pmatrix} 1 & 2 & 0 \\ 0 & -3 & 1 \\ 2 & 0 & -1 \end{pmatrix}\begin{pmatrix} -2 & 3 & 0 \\ 0 & -1 & 2 \\ 1 & 0 & -1 \end{pmatrix}$

(2) $\begin{pmatrix} 6 & 14 & -5 \\ 3 & -9 & 2 \\ 7 & 3 & 3 \end{pmatrix}\begin{pmatrix} -4 & 4 & 14 \\ 6 & 3 & -6 \\ 11 & -14 & 4 \end{pmatrix}$

問題 1.1.3　次の行列について，異なる2つの積が計算可能なものをすべて計算せよ．

$$A = \begin{pmatrix} 3 & 2 \end{pmatrix}, \quad B = \begin{pmatrix} 2 & -1 \\ 3 & -4 \end{pmatrix},$$

$$C = \begin{pmatrix} 1 & 5 & -2 \\ 2 & 1 & -3 \end{pmatrix}, \quad D = \begin{pmatrix} 2 & 4 \\ 1 & 2 \\ 3 & 0 \end{pmatrix}$$

命題 1.1.4　積や和が定義される行列 A, B, C に対して，以下の等式が成り立つ．

1. $(AB)C = A(BC)$
2. $(A+B)C = AC + BC$
3. $A(B+C) = AB + AC$
4. $(A+B)^2 = A^2 + AB + BA + B^2$

数の場合と同様に，1. を**結合法則**，2. と 3. を**分配法則**という．特に行列の場合は**交換法則**，$AB = BA$ が成り立つとは限らないことに注意が必要である．4. の右辺を $A^2 + 2AB + B^2$ としないのはこのためである．

ゼロ行列と単位行列　すべての成分が 0 の n 次正方行列 O_n を**ゼロ行列**という．例えば

$$O_2 = \begin{pmatrix} 0 & 0 \\ 0 & 0 \end{pmatrix}, \quad O_3 = \begin{pmatrix} 0 & 0 & 0 \\ 0 & 0 & 0 \\ 0 & 0 & 0 \end{pmatrix}$$

である．任意の n 次正方行列 A に対して

$$AO_n = O_n A = O_n$$

が成り立つことはすぐに分かる．

また，次のように**対角成分**（左上から右下にかけての斜めに位置する成分）が 1 で他はすべて 0 の n 次正方行列 E_n を**単位行列**という．

$$E_2 = \begin{pmatrix} 1 & 0 \\ 0 & 1 \end{pmatrix}, \quad E_3 = \begin{pmatrix} 1 & 0 & 0 \\ 0 & 1 & 0 \\ 0 & 0 & 1 \end{pmatrix}$$

特に混乱が無い場合に限り，次のように 0 を省略することもある．

$$E_n = \begin{pmatrix} 1 & & \\ & \ddots & \\ & & 1 \end{pmatrix}$$

n 次正方行列 A に対して次の等式が成り立つ．この式から単位行列という名前の意味も理解できよう．

$$AE_n = E_n A = A$$

つまり，ゼロ行列 O_n は数の場合の 0 に対応し，単位行列 E_n は数の場合の 1 に対応しているのである．

1.2　2 次正方行列のケイリー–ハミルトンの定理

本節では以下の定理と計算例を紹介する．この定理は一般の n 次正方行列においても成立するもので，以下で述べるのは 2 次正方行列に限った特別な場合である．一般の場合は第 3 章で紹介する（定理 3.1.8）．

定理 1.2.1

$$A = \begin{pmatrix} a & b \\ c & d \end{pmatrix}$$

に対して

$$A^2 - (a+d)A + (ad-bc)E_2 = O_2 \tag{1.2.1}$$

が成り立つ．これを**ケイリー–ハミルトン** (Cayley–Hamilton) **の定理**という．

例題 1.2.2

$$A = \begin{pmatrix} 2 & 1 \\ -19 & -5 \end{pmatrix}$$

に対して，A^3 および A^4 を求めよ．

【解答】　ケイリー–ハミルトンの定理により

$$A^2 = -3A - 9E_2$$

が成り立つ．これを用いて

$$A^3 = -3A^2 - 9A = 27E_2 = \begin{pmatrix} 27 & 0 \\ 0 & 27 \end{pmatrix}$$

さらに

$$A^4 = 27A = \begin{pmatrix} 54 & 27 \\ -513 & -135 \end{pmatrix}$$ ★

大切なことは，(1.2.1) を

$$A^2 = (a+d)A - (ad-bc)E_2$$

と表すことにより，行列のベキの次数を1つ下げることができる点である．一般に行列の計算において積はやはり厄介なものである．よって次数を下げるというのは有効な手段と言えよう．

問題 **1.2.3**　次の行列 A について，A^3 および A^4 を求めよ．

(1)　$A = \begin{pmatrix} 3 & 13 \\ -1 & -4 \end{pmatrix}$　　(2)　$A = \begin{pmatrix} \sqrt{3}-1 & \sqrt{5}-\sqrt{11} \\ \sqrt{5}+\sqrt{11} & -\sqrt{3}-1 \end{pmatrix}$

例題 1.2.4

$$A = \begin{pmatrix} -1 & 1 \\ 2 & 4 \end{pmatrix}$$

に対して

$$A^3 - 2A^2 + A + 5E_2 \tag{1.2.2}$$

を計算せよ．

【解答】　もちろんこのまま計算してもよいが，ケイリー–ハミルトンの定理を用いて次数を下げていくと簡単になる．ケイリー–ハミルトンの定理は

$$A^2 = 3A + 6E_2$$

であるから，これを (1.2.2) に代入することによって

$$A^3 - 2A^2 + A + 5E_2 = 3A^2 + A - 7E_2 = 10A + 11E_2 = \begin{pmatrix} 1 & 10 \\ 20 & 51 \end{pmatrix}$$ ★

問題 **1.2.5**

$$A = \begin{pmatrix} 2 & -3 \\ 5 & -6 \end{pmatrix}$$

に対して

$$A^3 + 4A^2 + 18A - 8E_2$$

を計算せよ．

1.3　2次正方行列の逆行列

2次正方行列の行列式と逆行列

$$A = \begin{pmatrix} a & b \\ c & d \end{pmatrix}$$

に対して

$$\left|A\right| = ad - bc$$

を A の**行列式**という．また $\left|A\right| \neq 0$ のとき

$$A^{-1} = \frac{1}{\left|A\right|} \begin{pmatrix} d & -b \\ -c & a \end{pmatrix} \tag{1.3.1}$$

を A の**逆行列**という．このとき次が成り立つ．

$$AA^{-1} = A^{-1}A = E_2 \tag{1.3.2}$$

性質 (1.3.2) により，逆行列という呼び名に納得できるであろう．前節で述べたが単位行列 E_2 は数の場合の 1 に相当する．つまり逆行列を掛けて単位行列になるということは，数の場合の割り算に対応しているのである．このことから，逆行列を -1 乗の記号で表すことにも納得できよう．また，本によっては A の行列式を $\det A$ としているものもあるが，数の絶対値と混乱することはないと思うので，本書では $\left|A\right|$ と書くことにする．

命題 1.3.1　2次正方行列 A に対して，A^{-1} が存在するための必要十分条件は

$$\left|A\right| \neq 0 \tag{1.3.3}$$

である．

この命題は逆行列の定義から明らかであるが，ここでは特に対偶，つまり A^{-1} が存在しないことと $\left|A\right| = 0$ が同値であることに注意しておく．

命題 1.3.2　2次正方行列 A に逆行列が存在するとき

$$\left(A^{-1}\right)^{-1} = A \tag{1.3.4}$$

この命題は，逆行列の逆行列は元の行列に戻るという主張である．数の場合に，-1 乗をさらに -1 乗すれば元の数に戻ることは当たり前の事実であるが，これは行列についても正しい．

命題 1.3.3　2次正方行列 A と B にいずれも逆行列が存在するとき

$$\left(AB\right)^{-1} = B^{-1}A^{-1} \tag{1.3.5}$$

間違いを起こしやすいので念のために述べておくが

$$\left(AB\right)^{-1} = A^{-1}B^{-1}$$

ではない．A^{-1} と B^{-1} の順序が入れ替わる理由は次の計算からも分かる．

$$AB\left(AB\right)^{-1} = A\underbrace{BB^{-1}}_{=E_2}A^{-1} = AA^{-1} = E_2$$

例題 1.3.4

$$A = \begin{pmatrix} 2 & 1 \\ 1 & 2 \end{pmatrix}, \quad P = \begin{pmatrix} \frac{1}{\sqrt{2}} & \frac{1}{\sqrt{2}} \\ -\frac{1}{\sqrt{2}} & \frac{1}{\sqrt{2}} \end{pmatrix}$$

とする．$P^{-1}AP$ を計算せよ．さらに自然数 n に対して A^n を求めよ．

【解答】　(1.3.1) と $\left|P\right| = 1$ より

$$P^{-1} = \begin{pmatrix} \frac{1}{\sqrt{2}} & -\frac{1}{\sqrt{2}} \\ \frac{1}{\sqrt{2}} & \frac{1}{\sqrt{2}} \end{pmatrix}$$

である．

$$P^{-1}AP = \begin{pmatrix} \frac{1}{\sqrt{2}} & -\frac{1}{\sqrt{2}} \\ \frac{1}{\sqrt{2}} & \frac{1}{\sqrt{2}} \end{pmatrix}\begin{pmatrix} 2 & 1 \\ 1 & 2 \end{pmatrix}\begin{pmatrix} \frac{1}{\sqrt{2}} & \frac{1}{\sqrt{2}} \\ -\frac{1}{\sqrt{2}} & \frac{1}{\sqrt{2}} \end{pmatrix} = \begin{pmatrix} 1 & 0 \\ 0 & 3 \end{pmatrix} \tag{1.3.6}$$

と計算されるので

$$\left(P^{-1}AP\right)^n = \begin{pmatrix} 1^n & 0 \\ 0 & 3^n \end{pmatrix} = \begin{pmatrix} 1 & 0 \\ 0 & 3^n \end{pmatrix} \tag{1.3.7}$$

と計算できる．一方

$$\begin{aligned} \left(P^{-1}AP\right)^n &= P^{-1}A\underbrace{PP^{-1}}_{=E_2}A\cdots A\underbrace{PP^{-1}}_{=E_2}AP \\ &= P^{-1}A^nP \end{aligned} \tag{1.3.8}$$

であるから，(1.3.7) と (1.3.8) によって

$$P^{-1}A^nP = \begin{pmatrix} 1 & 0 \\ 0 & 3^n \end{pmatrix}$$

となる．左から P を，右から P^{-1} を掛けることで

$$A^n = P\begin{pmatrix} 1 & 0 \\ 0 & 3^n \end{pmatrix}P^{-1} = \begin{pmatrix} \frac{3^n+1}{2} & \frac{3^n-1}{2} \\ \frac{3^n-1}{2} & \frac{3^n+1}{2} \end{pmatrix}$$

を得る．★

(1.3.6) の計算のように，正則行列 P を用いて A を対角成分のみにすることを**対角化**という．上の例題では A に対して P が与えられているのであるが，P はどのように構成されるのであろうか．また対角化した行列の対角成分に何の意味があるのであろうか．線形代数において対角化の理論は非常に重要なものであり，対角化の習得こそが線形代数の最終目標と言ってもおおげさではない．本書では対角化については第 3 章で扱うことにする．

問題 1.3.5

$$A = \begin{pmatrix} 8 & -10 \\ 5 & -7 \end{pmatrix}, \quad P = \begin{pmatrix} 1 & 2 \\ 1 & 1 \end{pmatrix}$$

とする．$P^{-1}AP$ を計算せよ．さらに自然数 n に対して A^n を求めよ．

1.4　2 次正方行列の連立 1 次方程式

この節では未知数 x と y についての以下の連立 1 次方程式を行列を用いて解くことを考える.

$$\begin{cases} ax + by = p \\ cx + dy = q \end{cases}$$

これは積の定義を思い出せば，次のように行列で表すことができる.

$$\begin{pmatrix} a & b \\ c & d \end{pmatrix} \begin{pmatrix} x \\ y \end{pmatrix} = \begin{pmatrix} p \\ q \end{pmatrix}$$

ここで，もし 2 次正方行列

$$A = \begin{pmatrix} a & b \\ c & d \end{pmatrix}$$

に逆行列 A^{-1} が存在したとすると

$$A \begin{pmatrix} x \\ y \end{pmatrix} = \begin{pmatrix} p \\ q \end{pmatrix}$$

の両辺に A^{-1} を左から掛けることで

$$\begin{pmatrix} x \\ y \end{pmatrix} = A^{-1} \begin{pmatrix} p \\ q \end{pmatrix} \tag{1.4.1}$$

と解けたことになる. つまり $|A| \neq 0$ であれば，あたかも A を数のようにみなして両辺を A で割り算しているかのごとく解けるのである.

例題 1.4.1

次の連立 1 次方程式を行列を用いて解け.

$$\begin{cases} 3x + 2y = 3 \\ 6x + 5y = 9 \end{cases} \tag{1.4.2}$$

【解答】　行列で表すと

$$\begin{pmatrix} 3 & 2 \\ 6 & 5 \end{pmatrix} \begin{pmatrix} x \\ y \end{pmatrix} = \begin{pmatrix} 3 \\ 9 \end{pmatrix}$$

である．

$$A = \begin{pmatrix} 3 & 2 \\ 6 & 5 \end{pmatrix}$$

に対して，$|A| = 3$ で

$$A^{-1} = \begin{pmatrix} \frac{5}{3} & -\frac{2}{3} \\ -2 & 1 \end{pmatrix}$$

である．(1.4.1) によって

$$\begin{pmatrix} x \\ y \end{pmatrix} = A^{-1} \begin{pmatrix} 3 \\ 9 \end{pmatrix} = \begin{pmatrix} \frac{5}{3} & -\frac{2}{3} \\ -2 & 1 \end{pmatrix} \begin{pmatrix} 3 \\ 9 \end{pmatrix} = \begin{pmatrix} -1 \\ 3 \end{pmatrix}$$

と解けた．★

問題 **1.4.2**　次の連立1次方程式を行列を用いて解け．

(1) $\begin{cases} x - 2y = 1 \\ 3x - \ \ y = 2 \end{cases}$　　(2) $\begin{cases} x + 3y = 2 \\ 2x - \ \ y = 3 \end{cases}$

それでは，もし逆行列が存在しない場合はどうなるのであろうか．これに対する回答として，2次正方行列の連立1次方程式は次の定理にまとめられる．

定理 1.4.3　A を2次正方行列とする．連立1次方程式

$$A \begin{pmatrix} x \\ y \end{pmatrix} = \begin{pmatrix} p \\ q \end{pmatrix}$$

について，A^{-1} が存在する場合は，今まで議論してきたように，解はただ1つ存在して

$$\begin{pmatrix} x \\ y \end{pmatrix} = A^{-1} \begin{pmatrix} p \\ q \end{pmatrix}$$

と表される．A^{-1} が存在しないときは，さらに以下の2つの場合に分けられる．1つ目として，連立1次方程式と言いながら実は2式は同じであり，この場合，解は無限個存在する．2つ目として，2式が異なっている場合である．この場合，連立1次方程式は解を持たない．

例題 1.4.4

次の連立 1 次方程式を行列を用いて解け．

$$\begin{cases} x - 3y = \ \ 4 \\ 3x - 9y = 12 \end{cases} \tag{1.4.3}$$

【解答】

$$A = \begin{pmatrix} 1 & -3 \\ 3 & -9 \end{pmatrix}$$

とすると $\left|A\right| = 0$ である．連立 1 次方程式 (1.4.3) をよく見ると，2 式は同じ式である（最初の式を 3 倍すると第 2 式になる）．よって定理 1.4.3 によれば，この連立 1 次方程式は無限個の解を持つ．具体的にこの無限個の解を求めてみよう．c を実数として $y = c$ とおくと (1.4.3) の第 1 式目は

$$x - 3c = 4$$

である．つまり $x = 3c + 4$ で，解は

$$\begin{pmatrix} x \\ y \end{pmatrix} = \begin{pmatrix} 3c + 4 \\ c \end{pmatrix}$$

となる．この解が (1.4.3) をみたすことは，実際に代入してみれば容易に確かめられる．c は実数であれば何でもよいので解は無限個存在する．なお，今は $y = c$ としたが，$x = c$ としても構わない．その場合は

$$\begin{pmatrix} x \\ y \end{pmatrix} = \begin{pmatrix} c \\ \frac{c}{3} - \frac{4}{3} \end{pmatrix}$$

となる．★

例題 1.4.5

次の連立 1 次方程式を行列を用いて解け．

$$\begin{cases} x + 2y = 3 \\ 2x + 4y = 1 \end{cases} \tag{1.4.4}$$

【解答】

$$A = \begin{pmatrix} 1 & 2 \\ 2 & 4 \end{pmatrix}$$

とすると $\left|A\right| = 0$ であるが，(1.4.4) は 2 式が異なる連立 1 次方程式である．よって解を持たない．★

解を持たないとは一体どういうことであろうか．ここで今一度，例題 1.4.1, 1.4.4 および 1.4.5 を振り返ってみよう．まず例題 1.4.1 であるが，解はただ 1 つ存在して $x = -1$ と $y = 3$ であった．連立 1 次方程式 (1.4.2) の各式をそれぞれ y について解いてみると

$$\begin{cases} y = -\dfrac{3}{2}x + \dfrac{3}{2} \\ y = -\dfrac{6}{5}x + \dfrac{9}{5} \end{cases}$$

となる．見方を変えて，これらの式を 2 つの 1 次関数とみなそう．それぞれのグラフは次のようになる．

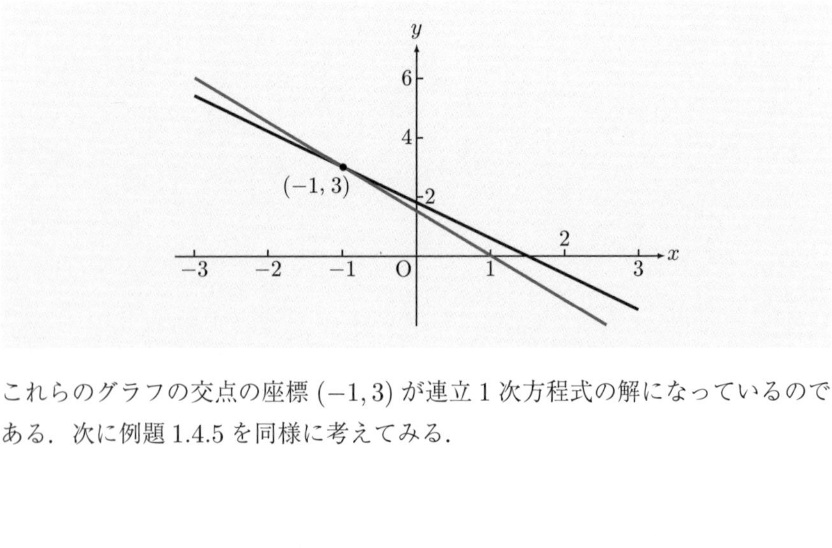

これらのグラフの交点の座標 $(-1, 3)$ が連立 1 次方程式の解になっているのである．次に例題 1.4.5 を同様に考えてみる．

$$\begin{cases} y = -\dfrac{1}{2}x + \dfrac{3}{2} \\ y = -\dfrac{1}{2}x + \dfrac{1}{4} \end{cases}$$

をグラフに表すと

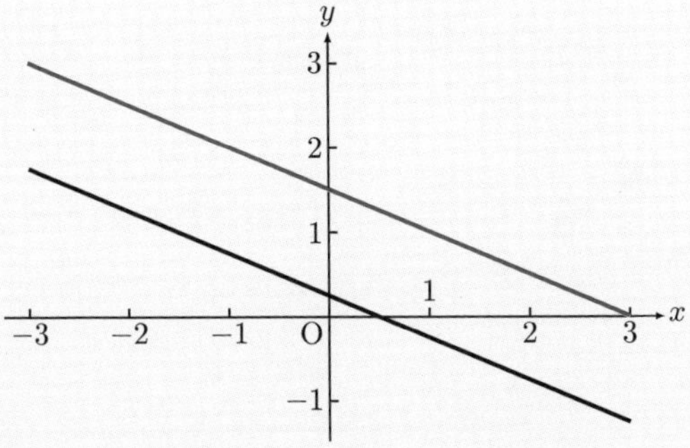

(1.4.4) は解を持たなかった．これは上のグラフが示す通り，2 つの 1 次関数は平行で交わらず，交点を持たないのである．一方，例題 1.4.4 の (1.4.3) には無限個の解が存在した．これは次のように理解することができる．連立 1 次方程式 (1.4.3) は 2 式とも

$$y = \frac{1}{3}x - \frac{4}{3}$$

であり，もちろんグラフは以下の 1 つの 1 次関数である．

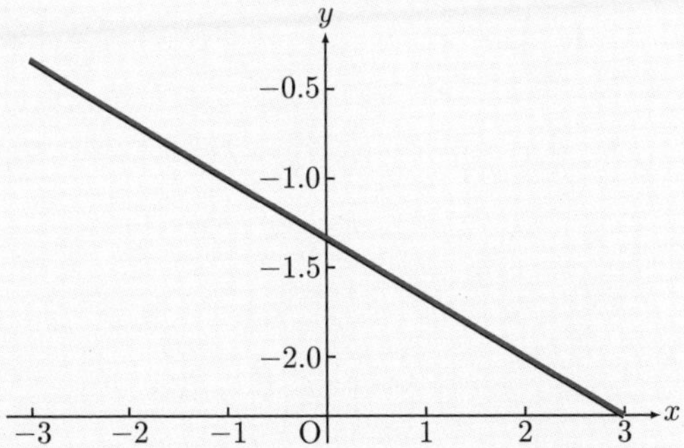

これを 1 つの 1 次関数と思うのではなく，2 つの 1 次関数が重なっているとみなす．つまりグラフの交点が無限個存在し，解は無限個あるというわけである．

問題 **1.4.6** 次の連立1次方程式を行列を用いて解け.

(1) $\begin{cases} \frac{1}{2}x + \frac{1}{3}y = -2 \\ -x - \frac{2}{3}y = \frac{1}{2} \end{cases}$ (2) $\begin{cases} x - 2y = 3 \\ 3x - 4y = 1 \end{cases}$

(3) $\begin{cases} x - 3y = 3 \\ \frac{1}{3}x - y = 1 \end{cases}$ (4) $\begin{cases} -9x - 3y = 3 \\ 5x + 2y = \frac{2}{3} \end{cases}$

例題 1.4.7

a を定数とするとき，次の連立1次方程式を解け.

$$\begin{cases} ax + 8y = 4 \\ x + 2ay = 2 \end{cases} \tag{1.4.5}$$

【解答】

$$A = \begin{pmatrix} a & 8 \\ 1 & 2a \end{pmatrix}$$

とすると

$$|A| = 2(a-2)(a+2)$$

である.

1. $a \neq \pm 2$ のとき，$|A| \neq 0$ であるから解はただ1つであり

$$\begin{pmatrix} x \\ y \end{pmatrix} = A^{-1}\begin{pmatrix} 4 \\ 2 \end{pmatrix} = \frac{1}{2(a-2)(a+2)}\begin{pmatrix} 2a & -8 \\ -1 & a \end{pmatrix}\begin{pmatrix} 4 \\ 2 \end{pmatrix} = \begin{pmatrix} \frac{4}{a+2} \\ \frac{1}{a+2} \end{pmatrix}$$

2. $a = 2$ のとき，$|A| = 0$ で (1.4.5) の2式はいずれも同じ式

$$x + 4y = 2$$

である. c を実数として $y = c$ とおくと

$$\begin{pmatrix} x \\ y \end{pmatrix} = \begin{pmatrix} 2-4c \\ c \end{pmatrix}$$

3. $a = -2$ のとき，$|A| = 0$ で (1.4.5) の2式は異なる. よって解なし. ★

問題 1.4.8 a を定数とするとき，次の連立 1 次方程式を解け.

(1) $\begin{cases} (a+1)x + \ \ y = a+1 \\ \qquad ax - 4y = \qquad a \end{cases}$ (2) $\begin{cases} \qquad 3x + ay = -3 \\ (a+2)x + \ \ y = \ \ 1 \end{cases}$

演習問題

□ **1.1**

$$A = \begin{pmatrix} 6 & -2 \\ -3 & 1 \end{pmatrix}, \quad B = \begin{pmatrix} \frac{1}{2} & 3 \\ 2 & \frac{1}{3} \end{pmatrix}, \quad C = \begin{pmatrix} 3 & -1 \\ 4 & 5 \end{pmatrix}$$

とするとき，以下を計算せよ.

(1) $AB + BC + CA$ (2) $A^2 + B^2 + C^2$

□ **1.2**

$$A = \begin{pmatrix} 3 & -5 \\ 7 & 4 \end{pmatrix}$$

とするとき，以下を計算せよ.

(1) $E_2 + A + A^2$ (2) $E_2 - A^3$

□ **1.3** 自然数 n に対して，以下の各行列の n 乗を計算せよ.

$$A = \begin{pmatrix} \alpha & \beta \\ \alpha & \beta \end{pmatrix}, \quad B = \begin{pmatrix} \cos\theta & -\sin\theta \\ \sin\theta & \cos\theta \end{pmatrix}, \quad C = \begin{pmatrix} x & y \\ 0 & z \end{pmatrix}$$

□ **1.4**

$$A = \begin{pmatrix} 2 & 5 \\ 2 & -1 \end{pmatrix}, \quad P = \begin{pmatrix} 1 & 5 \\ -1 & 2 \end{pmatrix}$$

とする．$P^{-1}AP$ を用いて A^n を計算せよ．ただし n は自然数である.

□ **1.5** 2 次正方行列 A がある自然数 $n \geq 3$ に対して $A^n = O_2$ をみたすとき，

$$A^2 = O_2$$

であることを証明せよ.

第2章

一般の行列と応用

本章からは，より一般的な行列を用いて線形代数の初歩理論を展開する．前章に比べ大きな行列を扱うが，まえがきでも述べた通り基本的に四則演算のみしか使わない．大きな行列によるダイナミックな計算を逆に楽しんでもらいたい．

2.1　連立1次方程式と掃き出し法

前章では x と y についての連立 1 次方程式を 2 行 2 列の行列によって解く方法を学んだが，前章の方法では 2 変数の連立 1 次方程式しか考えることができない（大きい行列の逆行列については 2.3 節で扱う）．より大きな連立 1 次方程式を考えるため，まえがきでの解法を振り返ってみる．

$$\begin{cases} 2x + 3y = 8 \\ x + 2y = 5 \end{cases} \tag{2.1.1}$$

まえがきでは (2.1.1) を以下のように 2 式の加減と入れ替えのみを用いて解いた．

① 第 1 式目と第 2 式目を入れ替える．

$$\begin{cases} x + 2y = 5 \\ 2x + 3y = 8 \end{cases}$$

② 第 2 式目に第 1 式目の -2 倍を加える．

$$\begin{cases} x + 2y = 5 \\ - y = -2 \end{cases}$$

③ 第 1 式目に第 2 式目の 2 倍を加える.

$$\begin{cases} x \phantom{{}-y} = 1 \\ - y = -2 \end{cases}$$

④ 第 2 式目を -1 倍する.

$$\begin{cases} x = 1 \\ y = 2 \end{cases}$$

上の解法では，次の 3 つの操作を行うことによって解にたどり着いている.

- 1 つの式を何倍（$\neq 0$ 倍）かする.（④の操作）
- 2 つの式を入れ替える.（①の操作）
- 1 つの式に他の式の何倍かを加える.（②および③の操作）

実はこの 3 つの操作のみによって連立 1 次方程式はすべて解くことができる. そこでこの解法を一般的に行列で考えることにしよう.

係数行列と拡大係数行列　n 個の未知数 $x_1, \ldots, x_n$ についての m 式からなる連立 1 次方程式

$$\begin{cases} a_{11}x_1 + a_{12}x_2 + \cdots + a_{1n}x_n = b_1 \\ a_{21}x_1 + a_{22}x_2 + \cdots + a_{2n}x_n = b_2 \\ \qquad \cdots\cdots \\ a_{m1}x_1 + a_{m2}x_2 + \cdots + a_{mn}x_n = b_m \end{cases} \tag{2.1.2}$$

に対して，$m \times n$ 行列

$$\begin{pmatrix} a_{11} & a_{12} & \cdots & a_{1n} \\ a_{21} & a_{22} & \cdots & a_{2n} \\ & \cdots & \cdots & \\ a_{m1} & a_{m2} & \cdots & a_{mn} \end{pmatrix}$$

を連立 1 次方程式 (2.1.2) の**係数行列**という. さらにこの係数行列の第 $n+1$ 列目に (2.1.2) の右辺の定数項 $b_1, \ldots, b_m$ を付け加えた次の $m \times (n+1)$ 行列

$$\left(\begin{array}{cccc|c} a_{11} & a_{12} & \cdots & a_{1n} & b_1 \\ a_{21} & a_{22} & \cdots & a_{2n} & b_2 \\ & \cdots & \cdots & & \vdots \\ a_{m1} & a_{m2} & \cdots & a_{mn} & b_m \end{array}\right)$$

を連立1次方程式 (2.1.2) の**拡大係数行列**という．

行基本変形　行列に対する次の3つの操作を**行基本変形**あるいは単に**基本変形**という．

- 1つの行を何倍（$\neq 0$ 倍）かする．
- 2つの行を入れ替える．
- 1つの行に他の行の何倍かを加える．

拡大係数行列にこれらの基本変形を施すことによって連立1次方程式を解くことを**掃き出し法**という．

行列の列に対して上記の3つの操作を行うことを**列基本変形**という．ただし連立1次方程式を解く際には列基本変形を行ってはならない．まったく異なる連立1次方程式になってしまうからである．列基本変形は後の行列式の節 (2.4節) で活躍する．

例題 2.1.1

連立1次方程式

$$\begin{cases} 2x_1 + 3x_2 = 8 \\ x_1 + 2x_2 = 5 \end{cases}$$

を掃き出し法で解け．

【解答】　拡大係数行列は

$$\left(\begin{array}{cc|c} 2 & 3 & 8 \\ 1 & 2 & 5 \end{array}\right)$$

である．1行目と2行目を入れ替えて

$$\left(\begin{array}{cc|c} 1 & 2 & 5 \\ 2 & 3 & 8 \end{array}\right)$$

2行目に1行目の -2 倍を加えて

$$\left(\begin{array}{cc|c} 1 & 2 & 5 \\ 0 & -1 & -2 \end{array}\right)$$

1行目に2行目の2倍を加えて

$$\left(\begin{array}{cc|c} 1 & 0 & 1 \\ 0 & -1 & -2 \end{array}\right)$$

2行目を -1 倍して

$$\left(\begin{array}{cc|c} 1 & 0 & 1 \\ 0 & 1 & 2 \end{array}\right)$$

これは

$$\begin{cases} x_1 \qquad = 1 \\ \qquad x_2 = 2 \end{cases}$$

の拡大係数行列であり，解が求まった．★

もちろん基本変形の方法は一意ではない．例えば

$$\left(\begin{array}{cc|c} 2 & 3 & 8 \\ 1 & 2 & 5 \end{array}\right)$$

の2行目に1行目の $-\frac{1}{2}$ 倍を加えて

$$\left(\begin{array}{cc|c} 2 & 3 & 8 \\ 0 & \frac{1}{2} & 1 \end{array}\right)$$

2行目を2倍して

$$\left(\begin{array}{cc|c} 2 & 3 & 8 \\ 0 & 1 & 2 \end{array}\right)$$

1行目に2行目の -3 倍を加えて

$$\left(\begin{array}{cc|c} 2 & 0 & 2 \\ 0 & 1 & 2 \end{array}\right)$$

1行目を $\frac{1}{2}$ 倍して

$$\left(\begin{array}{cc|c} 1 & 0 & 1 \\ 0 & 1 & 2 \end{array}\right)$$

と同じ結果が得られる．

問題 **2.1.2**　次の連立1次方程式を掃き出し法で解け．

(1) $\begin{cases} -4x_1 + 11x_2 = 8 \\ 2x_1 - 7x_2 = 2 \end{cases}$

(2) $\begin{cases} 5x_1 + 2x_2 = 3 \\ x_1 + 2x_2 = 1 \end{cases}$

例題 2.1.3

次の連立1次方程式を掃き出し法で解け．

$$\begin{cases} 2x_1 + 2x_2 - x_3 = 4 \\ x_1 + 3x_2 + 2x_3 = 1 \\ -x_1 + x_2 + x_3 = 1 \end{cases}$$

【解答】　先ほどまでの未知数が2つの場合では，掃き出し法のありがたみをあまり感じなかったかもしれないが，この例題のように未知数が3つとなると，掃き出し法の威力を実感できる．拡大係数行列は

$$\left(\begin{array}{ccc|c} 2 & 2 & -1 & 4 \\ 1 & 3 & 2 & 1 \\ -1 & 1 & 1 & 1 \end{array}\right)$$

である．1行目と2行目を入れ替えて

$$\left(\begin{array}{ccc|c} 1 & 3 & 2 & 1 \\ 2 & 2 & -1 & 4 \\ -1 & 1 & 1 & 1 \end{array}\right)$$

2行目に1行目の -2 倍を，3行目に1行目の1倍をそれぞれ加えて

$$\left(\begin{array}{ccc|c} 1 & 3 & 2 & 1 \\ & -4 & -5 & 2 \\ & 4 & 3 & 2 \end{array}\right)$$

3行目に2行目の1倍を加えて

$$\left(\begin{array}{ccc|c} 1 & 3 & 2 & 1 \\ & -4 & -5 & 2 \\ & & -2 & 4 \end{array}\right)$$

3行目を $-\frac{1}{2}$ 倍して

$$\left(\begin{array}{ccc|c} 1 & 3 & 2 & 1 \\ & -4 & -5 & 2 \\ & & 1 & -2 \end{array}\right)$$

1行目に3行目の -2 倍を，2行目に3行目の5倍をそれぞれ加えて

$$\left(\begin{array}{ccc|c} 1 & 3 & & 5 \\ & -4 & & -8 \\ & & 1 & -2 \end{array}\right)$$

2行目を $-\frac{1}{4}$ 倍して

$$\left(\begin{array}{ccc|c} 1 & 3 & & 5 \\ & 1 & & 2 \\ & & 1 & -2 \end{array}\right)$$

1行目に2行目の -3 倍を加えて

$$\left(\begin{array}{ccc|c} 1 & & & -1 \\ & 1 & & 2 \\ & & 1 & -2 \end{array}\right)$$

よって

$$x_1 = -1, \quad x_2 = 2, \quad x_3 = -2$$

である．★

今の例題の解答のように成分の0を省略することも多い．今後本書では，行列において何も書かれていない成分は0と約束する（もちろん0を書くときもある）．

問題 **2.1.4**　次の連立1次方程式を掃き出し法で解け.

(1) $\begin{cases} x_1 + 2x_2 = 2 \\ -x_1 + 3x_3 = 4 \\ x_2 - 2x_3 = -4 \end{cases}$

(2) $\begin{cases} 4x_1 - x_2 + x_3 = 17 \\ 3x_1 + x_2 + 5x_3 = 5 \\ 2x_1 + x_2 + 3x_3 = 3 \end{cases}$

(3) $\begin{cases} x_1 + x_2 = 2 \\ x_1 - x_2 + x_3 = 1 \\ 3x_1 + x_2 - 3x_3 = -3 \end{cases}$

(4) $\begin{cases} 2x_1 + 3x_2 + 2x_3 = 4 \\ x_1 - x_2 + x_3 = 1 \\ 3x_1 + x_2 - 4x_3 = -1 \end{cases}$

例題 2.1.5

次の連立1次方程式を掃き出し法で解け.

$$\begin{cases} x_2 + 3x_3 + x_4 = 2 \\ x_1 + x_3 + x_4 = 1 \\ 2x_1 + x_2 + 2x_3 + x_4 = 3 \\ x_1 - 2x_2 - 3x_3 - x_4 = -1 \end{cases}$$

【解答】　未知数が4つとなると基本変形は相当に長くなるが，方針は同様である．丁寧な計算を心がけよう．拡大係数行列は

$$\left(\begin{array}{cccc|c} 0 & 1 & 3 & 1 & 2 \\ 1 & 0 & 1 & 1 & 1 \\ 2 & 1 & 2 & 1 & 3 \\ 1 & -2 & -3 & -1 & -1 \end{array}\right)$$

である.

1 行目と 2 行目を入れ替えて

$$\left(\begin{array}{cccc|c} 1 & 0 & 1 & 1 & 1 \\ 0 & 1 & 3 & 1 & 2 \\ 2 & 1 & 2 & 1 & 3 \\ 1 & -2 & -3 & -1 & -1 \end{array}\right)$$

3 行目に 1 行目の -2 倍を，4 行目に 1 行目の -1 倍をそれぞれ加えて

$$\left(\begin{array}{cccc|c} 1 & 0 & 1 & 1 & 1 \\ & 1 & 3 & 1 & 2 \\ & 1 & 0 & -1 & 1 \\ & -2 & -4 & -2 & -2 \end{array}\right)$$

2 行目と 3 行目の入れ替え，および 4 行目を $-\frac{1}{2}$ 倍して

$$\left(\begin{array}{cccc|c} 1 & 0 & 1 & 1 & 1 \\ & 1 & 0 & -1 & 1 \\ & 1 & 3 & 1 & 2 \\ & 1 & 2 & 1 & 1 \end{array}\right)$$

3 行目に 2 行目の -1 倍を，4 行目に 2 行目の -1 倍をそれぞれ加えて

$$\left(\begin{array}{cccc|c} 1 & 0 & 1 & 1 & 1 \\ & 1 & 0 & -1 & 1 \\ & & 3 & 2 & 1 \\ & & 2 & 2 & 0 \end{array}\right)$$

4 行目を $\frac{1}{2}$ 倍した後，3 行目と 4 行目を入れ替えて

$$\left(\begin{array}{cccc|c} 1 & 0 & 1 & 1 & 1 \\ & 1 & 0 & -1 & 1 \\ & & 1 & 1 & 0 \\ & & 3 & 2 & 1 \end{array}\right)$$

4 行目に 3 行目の -3 倍を加えて

$$\left(\begin{array}{cccc|c} 1 & 0 & 1 & 1 & 1 \\ & 1 & 0 & -1 & 1 \\ & & 1 & 1 & 0 \\ & & & -1 & 1 \end{array}\right)$$

1 行目に 4 行目の 1 倍を，2 行目に 4 行目の -1 倍を，3 行目に 4 行目の 1 倍をそれぞれ加えて

$$\left(\begin{array}{cccc|c} 1 & 0 & 1 & & 2 \\ & 1 & 0 & & 0 \\ & & 1 & & 1 \\ & & & -1 & 1 \end{array}\right)$$

4 行目を -1 倍して，さらに 1 行目に 3 行目の -1 倍を加えて

$$\left(\begin{array}{cccc|c} 1 & & & & 1 \\ & 1 & & & 0 \\ & & 1 & & 1 \\ & & & 1 & -1 \end{array}\right)$$

よって

$$x_1 = 1, \quad x_2 = 0, \quad x_3 = 1, \quad x_4 = -1$$

である．★

問題 2.1.6　次の連立 1 次方程式を掃き出し法で解け．

(1) $$\begin{cases} 2x_1 \phantom{{}-x_2} + x_3 \phantom{{}-2x_4} = 5 \\ - x_2 + x_3 - 2x_4 = 2 \\ x_1 \phantom{{}-x_2} + 2x_3 + x_4 = 0 \\ x_1 - x_2 \phantom{{}+2x_3} + 3x_4 = 1 \end{cases}$$

(2) $$\begin{cases} 3x_1 + 6x_2 + 5x_3 + x_4 = 3 \\ x_1 + 4x_2 + 3x_3 + x_4 = 1 \\ 2x_1 + 2x_2 + x_3 + 4x_4 = 7 \\ x_1 + x_2 - x_3 + x_4 = 4 \end{cases}$$

2.2　行列の簡約と階数

前節では係数行列が正方行列である場合のみを扱った．本節での目標はさらに一般的に，係数行列が正方行列でないような連立 1 次方程式を解くことである．例えば，次のような連立 1 次方程式である．

$$\begin{cases} x_1 + 2x_2 + 3x_3 + 2x_4 + 3x_5 = 2 \\ 2x_1 + 3x_2 + x_3 + x_4 + x_5 = 3 \\ 3x_1 + 3x_2 + 2x_3 + x_4 + 2x_5 = 7 \end{cases} \tag{2.2.1}$$

この連立 1 次方程式は未知数が x_1, x_2, x_3, x_4, x_5 の 5 つに対して式が 3 つしかない．果たしてどのように取り組めばよいのであろうか．このような連立 1 次方程式を扱うために少し準備をしよう．

簡約行列　次のような行列を**簡約行列**という．

$$\begin{pmatrix} 1 & * & \cdots & * & 0 & * & \cdots & * & 0 & * & \cdots \\ & & & & 1 & * & \cdots & * & 0 & * & \cdots \\ & & & & & & \ddots & & \vdots & & \\ & & & & & & & \ddots & 0 & & \\ & & & & & & & & 1 & * & \cdots \\ & & & & & & & & & & \\ & & & & & & & & & & \end{pmatrix}$$

左下の何も書かれてない部分はすべて 0 である．また $*$ はどんな値でもよい．簡約行列の特徴を言葉で述べると

- 右上に階段状に成分が分布する．
- 階段の先頭の成分は 1 である．この先頭の 1 を**主成分**という．
- 主成分を含む列では，主成分は 1 つのみでそれ以外はすべて 0 である．

上のような一般的な定義では少し分かりにくいので，いくつか簡約行列の例をあげよう．まず最も単純な例は単位行列である．

$$
E_3 = \begin{pmatrix} 1 & 0 & 0 \\ 0 & 1 & 0 \\ 0 & 0 & 1 \end{pmatrix}
$$

他には $\begin{pmatrix} 0 & 1 & -2 & 0 \\ 0 & 0 & 0 & 1 \\ 0 & 0 & 0 & 0 \end{pmatrix}$, $\begin{pmatrix} 1 & 0 & 3 & 0 & -1 \\ 0 & 1 & \frac{3}{2} & 0 & \frac{1}{7} \\ 0 & 0 & 0 & 1 & 1 \end{pmatrix}$ なども簡約行列である．

より大きな簡約行列も1つあげておく．

$$
\begin{pmatrix} 0 & 0 & 1 & 5 & 0 & -6 & 0 & 0 \\ & & & & 1 & -4 & 0 & 0 \\ & & & & & & 1 & 0 \\ & & & & & & & 1 \\ & & & & & & & \end{pmatrix}
$$

例題 2.2.1

次の各行列は簡約行列ではない．それぞれについて簡約行列でない理由を指摘せよ．

$$
A = \begin{pmatrix} 1 & 0 & 4 \\ 0 & -2 & -1 \\ 0 & 0 & 0 \end{pmatrix}, \qquad B = \begin{pmatrix} 0 & 1 & -2 & 0 & 0 \\ 0 & 1 & 3 & 2 & 0 \\ 0 & 0 & 0 & 0 & 1 \end{pmatrix}
$$

$$
C = \begin{pmatrix} 0 & 1 & 4 & -4 & 0 \\ 1 & 2 & 5 & 2 & 0 \\ 0 & 0 & 0 & 0 & 1 \\ 0 & 0 & 0 & 0 & 0 \end{pmatrix}, \quad D = \begin{pmatrix} 0 & 0 & 1 & 3 & 0 & 1 \\ 0 & 0 & 0 & 1 & 2 & 0 \\ 0 & 0 & 0 & 0 & 0 & 0 \end{pmatrix}
$$

【解答】　A の2行2列の成分 -2 は階段の先頭である．よってこれは主成分であり1でなければならない．B の2列目を見ると階段の先頭の1が2つある．どちらかが主成分であるが，主成分は1つのみでそれ以外はすべて0でなければならない．C は1行目と2行目が階段状になっていない．D は1行4列の成分3に問題がある．すぐ下の2行4列の成分の1は階段の先頭の主成分である．よって4列目は2行4列の主成分以外は0でなければならない．★

例題 2.2.2

例題 2.2.1 の各行列を行基本変形によって簡約行列にせよ．

【解答】　例題 2.2.1 の各行列は惜しくも簡約行列ではない．逆に言えば，もう少しで簡約行列である．そこで行基本変形を施すことで簡約行列へと変形してみる．まず A であるが

$$A = \begin{pmatrix} 1 & 0 & 4 \\ & -2 & -1 \\ & & \end{pmatrix}$$

2 行目を $-\frac{1}{2}$ 倍して

$$\begin{pmatrix} 1 & 0 & 4 \\ & 1 & \frac{1}{2} \\ & & \end{pmatrix}$$

これは簡約行列である．次に B は

$$B = \begin{pmatrix} 0 & 1 & -2 & 0 & 0 \\ & 1 & 3 & 2 & 0 \\ & & & & 1 \end{pmatrix}$$

2 行目に 1 行目の -1 倍を加えて

$$\begin{pmatrix} 0 & 1 & -2 & 0 & 0 \\ & & 5 & 2 & 0 \\ & & & & 1 \end{pmatrix}$$

2 行目を $\frac{1}{5}$ 倍して

$$\begin{pmatrix} 0 & 1 & -2 & 0 & 0 \\ & & 1 & \frac{2}{5} & 0 \\ & & & & 1 \end{pmatrix}$$

1 行目に 2 行目の 2 倍を加えて

$$\begin{pmatrix} 0 & 1 & 0 & \frac{4}{5} & 0 \\ & & 1 & \frac{2}{5} & 0 \\ & & & & 1 \end{pmatrix}$$

と簡約行列になった．C は

$$C = \begin{pmatrix} 0 & 1 & 4 & -4 & 0 \\ 1 & 2 & 5 & 2 & 0 \\ & & & & 1 \\ & & & & \end{pmatrix}$$

1 行目と 2 行目を入れ替えて

$$\begin{pmatrix} 1 & 2 & 5 & 2 & 0 \\ & 1 & 4 & -4 & 0 \\ & & & & 1 \\ & & & & \end{pmatrix}$$

1 行目に 2 行目の -2 倍を加えて

$$\begin{pmatrix} 1 & 0 & -3 & 10 & 0 \\ & 1 & 4 & -4 & 0 \\ & & & & 1 \\ & & & & \end{pmatrix}$$

これも簡約行列となった．最後に D についても

$$D = \begin{pmatrix} 0 & 0 & 1 & 3 & 0 & 1 \\ & & & 1 & 2 & 0 \\ & & & & & \end{pmatrix}$$

1 行目に 2 行目の -3 倍を加えて

$$\begin{pmatrix} 0 & 0 & 1 & 0 & -6 & 1 \\ & & & 1 & 2 & 0 \\ & & & & & \end{pmatrix}$$

と簡約行列となる．★

この例題の計算を見ると，既にほとんど簡約行列であった上の 4 つの行列に限らず，どんな行列であったとしても行基本変形を何回か繰り返せば簡約行列となることが分かるであろう．実はさらに強く，次の定理が成り立つ．

> **定理 2.2.3**　任意の行列は行基本変形によって簡約行列にできる．さらにその簡約行列は一意である．

基本変形を用いて行列を簡約行列にすることを以下では**簡約する**と呼ぶことにしよう．定理の後半の主張が意味していることは，例えば，ある行列を 2 人の人が簡約したとすると，その結果の簡約行列は 2 人で一致しなければならないということである．前節の例題 2.1.1 のすぐ後でも少し触れたが，基本変形の方法は 1 通りではない．しかし，結果の簡約行列は 1 通りしかないのである．

行列の階数　行列 A の簡約行列の階段の個数を A の**階数**といい，

$$\operatorname{rank} A$$

と表す．

階数は行列を特徴づける非常に重要な量である．行列に対してその簡約行列は一意であるから，階数は行列ごとに確定する．階段の個数は，主成分の個数といってもよいし，すべてが 0 でない行の個数といってももちろん同じである．例題 2.2.1 の行列は例題 2.2.2 の結果により

$$\operatorname{rank} A = \operatorname{rank} D = 2$$

$$\operatorname{rank} B = \operatorname{rank} C = 3$$

となる．

> **例題 2.2.4**
>
> 以下の行列を簡約し，階数を答えよ．
>
> $$A = \begin{pmatrix} 2 & 3 & 4 & 0 \\ 2 & 3 & 2 & -1 \\ 2 & 3 & -2 & -3 \end{pmatrix}, \quad B = \begin{pmatrix} -3 & 0 & 2 & 3 \\ -4 & 1 & 4 & 4 \\ 1 & 2 & 2 & 3 \end{pmatrix}$$

【解答】　A の 2 行目と 3 行目に 1 行目の -1 倍をそれぞれ加えて

$$\begin{pmatrix} 2 & 3 & 4 & 0 \\ & & -2 & -1 \\ & & -6 & -3 \end{pmatrix}$$

3行目に2行目の -3 倍を加えて

$$\begin{pmatrix} 2 & 3 & 4 & 0 \\ & & -2 & -1 \\ & & & \end{pmatrix}$$

この時点で

$$\operatorname{rank} A = 2$$

は分かった．1行目を $\frac{1}{2}$ 倍，2行目を $-\frac{1}{2}$ 倍して

$$\begin{pmatrix} 1 & \frac{3}{2} & 2 & 0 \\ & & 1 & \frac{1}{2} \\ & & & \end{pmatrix}$$

1行目に2行目の -2 倍を加えて

$$\begin{pmatrix} 1 & \frac{3}{2} & 0 & -1 \\ & & 1 & \frac{1}{2} \\ & & & \end{pmatrix}$$

と簡約できた．B の1行目と3行目を入れ替えて

$$\begin{pmatrix} 1 & 2 & 2 & 3 \\ -4 & 1 & 4 & 4 \\ -3 & 0 & 2 & 3 \end{pmatrix}$$

2行目に1行目の4倍を，3行目に1行目の3倍をそれぞれ加えて

$$\begin{pmatrix} 1 & 2 & 2 & 3 \\ & 9 & 12 & 16 \\ & 6 & 8 & 12 \end{pmatrix}$$

3行目を $\frac{1}{6}$ 倍した後，2行目と3行目を入れ替えて

$$\begin{pmatrix} 1 & 2 & 2 & 3 \\ & 1 & \frac{4}{3} & 2 \\ & 9 & 12 & 16 \end{pmatrix}$$

3 行目に 2 行目の -9 倍を加えて

$$\begin{pmatrix} 1 & 2 & 2 & 3 \\ & 1 & \frac{4}{3} & 2 \\ & & & -2 \end{pmatrix}$$

1 行目に 2 行目の -2 倍を加え，さらに 3 行目を $-\frac{1}{2}$ 倍して

$$\begin{pmatrix} 1 & 0 & -\frac{2}{3} & -1 \\ & 1 & \frac{4}{3} & 2 \\ & & & 1 \end{pmatrix}$$

最後に 1 行目に 3 行目の 1 倍を，2 行目に 3 行目の -2 倍をそれぞれ加えて

$$\begin{pmatrix} 1 & 0 & -\frac{2}{3} & 0 \\ & 1 & \frac{4}{3} & 0 \\ & & & 1 \end{pmatrix}$$

と簡約された．もちろん

$$\operatorname{rank} B = 3$$

である．★

問題 2.2.5　以下の行列を簡約し，階数を答えよ．

$$A = \begin{pmatrix} 1 & 2 \\ 3 & 4 \end{pmatrix}, \quad B = \begin{pmatrix} 0 & 2 & -5 \\ 1 & 4 & -3 \end{pmatrix}, \quad C = \begin{pmatrix} -1 & 3 & 6 \\ 3 & -9 & -18 \end{pmatrix}$$

問題 2.2.6　以下の行列を簡約し，階数を答えよ．

$$A = \begin{pmatrix} 1 & 0 & 2 & 1 \\ 0 & 2 & 3 & 2 \\ 1 & -2 & -1 & -1 \end{pmatrix}, \quad B = \begin{pmatrix} 1 & 0 & 3 & 1 \\ 2 & 1 & 2 & 0 \\ 0 & 1 & 2 & 4 \end{pmatrix}$$

$$C = \begin{pmatrix} 1 & 3 & -4 & 6 \\ 2 & 1 & -7 & 3 \\ -1 & 2 & 3 & 3 \end{pmatrix}, \quad D = \begin{pmatrix} 3 & -1 & 2 & 5 \\ 2 & -2 & 1 & 4 \\ 4 & -4 & 2 & 1 \end{pmatrix}$$

例題 2.2.7

次の行列 A を簡約し，階数を答えよ．

$$A = \begin{pmatrix} 1 & 2 & 3 & 2 & 3 & 2 \\ 2 & 3 & 1 & 1 & 1 & 3 \\ 3 & 3 & 2 & 1 & 2 & 7 \end{pmatrix}$$

【解答】　3行6列と大きな行列である．2行目に1行目の -2 倍を，3行目に1行目の -3 倍をそれぞれ加えて

$$\begin{pmatrix} 1 & 2 & 3 & 2 & 3 & 2 \\ & -1 & -5 & -3 & -5 & -1 \\ & -3 & -7 & -5 & -7 & 1 \end{pmatrix}$$

3行目に2行目の -3 倍を加えて

$$\begin{pmatrix} 1 & 2 & 3 & 2 & 3 & 2 \\ & -1 & -5 & -3 & -5 & -1 \\ & & 8 & 4 & 8 & 4 \end{pmatrix}$$

となって $\operatorname{rank} A = 3$ は分かる．2行目を -1 倍，3行目を $\frac{1}{8}$ 倍して

$$\begin{pmatrix} 1 & 2 & 3 & 2 & 3 & 2 \\ & 1 & 5 & 3 & 5 & 1 \\ & & 1 & \frac{1}{2} & 1 & \frac{1}{2} \end{pmatrix}$$

1行目に2行目の -2 倍を加えて

$$\begin{pmatrix} 1 & 0 & -7 & -4 & -7 & 0 \\ & 1 & 5 & 3 & 5 & 1 \\ & & 1 & \frac{1}{2} & 1 & \frac{1}{2} \end{pmatrix}$$

1行目に3行目の7倍を，2行目に3行目の -5 倍をそれぞれ加えて

$$\begin{pmatrix} 1 & 0 & 0 & -\frac{1}{2} & 0 & \frac{7}{2} \\ & 1 & 0 & \frac{1}{2} & 0 & -\frac{3}{2} \\ & & 1 & \frac{1}{2} & 1 & \frac{1}{2} \end{pmatrix}$$

と簡約できた．★

問題 2.2.8　次の行列 A を簡約し，階数を答えよ．

$$A = \begin{pmatrix} -2 & -4 & 1 & 0 & 3 & 1 \\ 2 & 4 & -2 & 4 & -6 & 3 \\ 5 & 10 & -3 & 2 & -9 & -\frac{1}{2} \end{pmatrix}$$

列ベクトル　列が 1 列のみの $n \times 1$ 行列を **n 次列ベクトル**，あるいは単に**列ベクトル**や**ベクトル**ともいい，次のように太文字で表す．

$$\boldsymbol{x} = \begin{pmatrix} x_1 \\ \vdots \\ x_n \end{pmatrix}$$

すべての成分が 0 のベクトルを**ゼロベクトル**といい

$$\mathbf{0} = \begin{pmatrix} 0 \\ \vdots \\ 0 \end{pmatrix}$$

と書く．

太文字を使うのは通常の数（スカラー）と区別するためである．本書では $\vec{x}$ といった矢印記号は用いない．行列をベクトルを並べたものとして表すこともある．例えば

$$A = \begin{pmatrix} 1 & 2 & 3 \\ 4 & 5 & 6 \\ 7 & 8 & 9 \end{pmatrix}$$

は 3 つのベクトル

$$\boldsymbol{a}_1 = \begin{pmatrix} 1 \\ 4 \\ 7 \end{pmatrix}, \quad \boldsymbol{a}_2 = \begin{pmatrix} 2 \\ 5 \\ 8 \end{pmatrix}, \quad \boldsymbol{a}_3 = \begin{pmatrix} 3 \\ 6 \\ 9 \end{pmatrix}$$

を用いて

$$A = \begin{pmatrix} \boldsymbol{a}_1 & \boldsymbol{a}_2 & \boldsymbol{a}_3 \end{pmatrix} \tag{2.2.2}$$

といった具合である．また，列ベクトルと同様に，行が 1 行のみの行列を行ベクトルと呼ぶこともあるが，本書では用いることはない．

ベクトルの記法を用いると，一般に連立1次方程式は，係数行列 A と未知数をベクトルで表したもの $\boldsymbol{x}$，および既知のベクトル $\boldsymbol{b}$ によって

$$A\boldsymbol{x} = \boldsymbol{b}$$

とあたかも1変数の1次方程式のように表現できる．この表現は便利なので今後頻繁に用いることとなる．さて，一般の連立1次方程式へのアプローチとしては次の定理が基本的である．

定理 2.2.9　連立1次方程式 $A\boldsymbol{x} = \boldsymbol{b}$ が解を持つための必要十分条件は

$$\operatorname{rank}(A \mid \boldsymbol{b}) = \operatorname{rank} A$$

である．

例題 2.2.10

次の連立1次方程式が解を持つか調べよ．

$$\begin{pmatrix} 2 & 3 & 4 \\ 2 & 3 & 2 \\ 2 & 3 & -2 \end{pmatrix} \begin{pmatrix} x_1 \\ x_2 \\ x_3 \end{pmatrix} = \begin{pmatrix} 0 \\ -1 \\ -3 \end{pmatrix} \tag{2.2.3}$$

【解答】

$$A = \begin{pmatrix} 2 & 3 & 4 \\ 2 & 3 & 2 \\ 2 & 3 & -2 \end{pmatrix}, \quad \boldsymbol{x} = \begin{pmatrix} x_1 \\ x_2 \\ x_3 \end{pmatrix}, \quad \boldsymbol{b} = \begin{pmatrix} 0 \\ -1 \\ -3 \end{pmatrix}$$

とすると，連立1次方程式 (2.2.3) は

$$A\boldsymbol{x} = \boldsymbol{b}$$

と表される．例題 2.2.4 の結果により

$$(A \mid \boldsymbol{b}) = \left(\begin{array}{ccc|c} 2 & 3 & 4 & 0 \\ 2 & 3 & 2 & -1 \\ 2 & 3 & -2 & -3 \end{array}\right)$$

の簡約行列は

$$\left(\begin{array}{ccc|c} 1 & \frac{3}{2} & 0 & -1 \\ & & 1 & \frac{1}{2} \\ & & & \end{array}\right) \tag{2.2.4}$$

であり，A の簡約行列はもちろん (2.2.4) の 4 列目がないものであるから

$$\begin{pmatrix} 1 & \frac{3}{2} & 0 \\ & & 1 \\ & & \end{pmatrix}$$

つまり

$$\operatorname{rank}\bigl(A \bigm| \boldsymbol{b}\bigr) = \operatorname{rank} A = 2$$

が成り立っており，定理 2.2.9 によって連立 1 次方程式 (2.2.3) は解を持つ．★

■ 例題 2.2.11 ■

次の連立 1 次方程式が解を持つか調べよ．

$$\begin{pmatrix} -3 & 0 & 2 \\ -4 & 1 & 4 \\ 1 & 2 & 2 \end{pmatrix} \begin{pmatrix} x_1 \\ x_2 \\ x_3 \end{pmatrix} = \begin{pmatrix} 3 \\ 4 \\ 3 \end{pmatrix} \tag{2.2.5}$$

【解答】

$$A = \begin{pmatrix} -3 & 0 & 2 \\ -4 & 1 & 4 \\ 1 & 2 & 2 \end{pmatrix}, \quad \boldsymbol{x} = \begin{pmatrix} x_1 \\ x_2 \\ x_3 \end{pmatrix}, \quad \boldsymbol{b} = \begin{pmatrix} 3 \\ 4 \\ 3 \end{pmatrix}$$

とすると，連立 1 次方程式 (2.2.5) は

$$A\boldsymbol{x} = \boldsymbol{b}$$

と表される．例題 2.2.4 の結果により

$$(A \mid \boldsymbol{b}) = \left(\begin{array}{ccc|c} -3 & 0 & 2 & 3 \\ -4 & 1 & 4 & 4 \\ 1 & 2 & 2 & 3 \end{array}\right)$$

の簡約行列は

$$\left(\begin{array}{ccc|c} 1 & 0 & -\frac{2}{3} & 0 \\ & 1 & \frac{4}{3} & 0 \\ & & & 1 \end{array}\right)$$

A の簡約行列は

$$\begin{pmatrix} 1 & 0 & -\frac{2}{3} \\ & 1 & \frac{4}{3} \\ & & \end{pmatrix}$$

であるから

$$\operatorname{rank}(A \mid \boldsymbol{b}) = 3$$
$$\operatorname{rank} A = 2$$

である．定理 2.2.9 は $A\boldsymbol{x} = \boldsymbol{b}$ が解を持つための必要十分条件を述べているので，$A\boldsymbol{x} = \boldsymbol{b}$ が解を持たないことと

$$\operatorname{rank}\big(A \mid \boldsymbol{b}\big) \neq \operatorname{rank} A$$

も同値である．つまり連立 1 次方程式 (2.2.5) は解を持たない．★

一言注意を加えておくと，拡大係数行列は係数行列に 1 列付け加えたものであるから

$$\operatorname{rank}\big(A \mid \boldsymbol{b}\big) = \operatorname{rank} A \quad \text{または} \quad \operatorname{rank}\big(A \mid \boldsymbol{b}\big) = \operatorname{rank} A + 1$$

の必ずどちらか一方が成り立つ．

さて，定理 2.2.9 によって連立 1 次方程式の解の有無を判定できることは分かったが，解を持つ場合，その解はどのように求めればよいのであろうか．これには次の例題で答えよう．

例題 2.2.12

例題 2.2.10 の連立 1 次方程式

$$\begin{pmatrix} 2 & 3 & 4 \\ 2 & 3 & 2 \\ 2 & 3 & -2 \end{pmatrix} \begin{pmatrix} x_1 \\ x_2 \\ x_3 \end{pmatrix} = \begin{pmatrix} 0 \\ -1 \\ -3 \end{pmatrix}$$

を解け.

【解答】　例題 2.2.10 と同様に，係数行列を A および右辺のベクトルを $\boldsymbol{b}$ としておく．$\left(A \mid \boldsymbol{b}\right)$ の簡約行列 (2.2.4) をもう一度書くと

$$\left(\begin{array}{ccc|c} 1 & \frac{3}{2} & 0 & -1 \\ & & 1 & \frac{1}{2} \\ & & & \end{array}\right) \tag{2.2.6}$$

この簡約行列が表す連立 1 次方程式は

$$\begin{cases} x_1 + \dfrac{3}{2}x_2 \qquad = -1 \\ \qquad\qquad x_3 = \dfrac{1}{2} \end{cases} \tag{2.2.7}$$

である．(2.2.6) の主成分に注目しよう．1 行 1 列の主成分は変数 x_1 に対応しており，2 行 3 列の主成分は変数 x_3 に対応している．しかし，変数 x_2 には対応する主成分がない．主成分のない x_2 には任意の実数を与える．すなわち c を実数として $x_2 = c$ とおく．(2.2.7) より，解は

$$x_1 = -1 - \frac{3c}{2}, \quad x_2 = c, \quad x_3 = \frac{1}{2}$$

である．このように答えてももちろん解としては正しいのであるが，次のように任意定数 c に関する部分を分けて，ベクトルで表示した方が見やすい．

$$\begin{pmatrix} x_1 \\ x_2 \\ x_3 \end{pmatrix} = \begin{pmatrix} -1 \\ 0 \\ \frac{1}{2} \end{pmatrix} + c \begin{pmatrix} -\frac{3}{2} \\ 1 \\ 0 \end{pmatrix} \qquad \bigstar$$

問題 2.2.13　次の連立 1 次方程式を解け．

(1) $$\begin{pmatrix} 2 & 4 & 1 \\ 1 & 2 & 3 \\ 1 & 2 & -2 \end{pmatrix} \begin{pmatrix} x_1 \\ x_2 \\ x_3 \end{pmatrix} = \begin{pmatrix} 3 \\ 2 \\ 1 \end{pmatrix}$$

(2) $$\begin{pmatrix} 5 & 3 & 9 \\ 5 & -3 & 1 \\ 1 & 3 & 5 \end{pmatrix} \begin{pmatrix} x_1 \\ x_2 \\ x_3 \end{pmatrix} = \begin{pmatrix} 6 \\ 14 \\ -2 \end{pmatrix}$$

例題 2.2.14

次の連立 1 次方程式を解け．

$$\begin{pmatrix} 1 & 2 & 3 & 2 & 3 \\ 2 & 3 & 1 & 1 & 1 \\ 3 & 3 & 2 & 1 & 2 \end{pmatrix} \begin{pmatrix} x_1 \\ x_2 \\ x_3 \\ x_4 \\ x_5 \end{pmatrix} = \begin{pmatrix} 2 \\ 3 \\ 7 \end{pmatrix} \tag{2.2.8}$$

【解答】　この連立 1 次方程式は本節の最初で与えた (2.2.1) そのものである．今ならこれを解くことができる．(2.2.8) の係数行列を A，右辺のベクトルを $\boldsymbol{b}$ としよう．例題 2.2.7 の結果より拡大係数行列

$$\left(A \mid \boldsymbol{b}\right) = \left(\begin{array}{ccccc|c} 1 & 2 & 3 & 2 & 3 & 2 \\ 2 & 3 & 1 & 1 & 1 & 3 \\ 3 & 3 & 2 & 1 & 2 & 7 \end{array}\right)$$

の簡約行列は

$$\left(\begin{array}{ccccc|c} 1 & 0 & 0 & -\frac{1}{2} & 0 & \frac{7}{2} \\ & 1 & 0 & \frac{1}{2} & 0 & -\frac{1}{2} \\ & & 1 & \frac{1}{2} & 1 & \frac{1}{2} \end{array}\right)$$

である．対応する主成分のない変数が x_4 と x_5 の 2 つあるので，これらに

$$x_4 = c_1, \quad x_5 = c_2$$

と実数 c_1 および c_2 を割り当てる．

$$x_1 = \frac{7}{2} + \frac{c_1}{2}, \quad x_2 = -\frac{1}{2} - \frac{c_1}{2}, \quad x_3 = \frac{1}{2} - \frac{c_1}{2} - c_2$$

であるからベクトルで表して

$$\begin{pmatrix} x_1 \\ x_2 \\ x_3 \\ x_4 \\ x_5 \end{pmatrix} = \begin{pmatrix} \frac{7}{2} \\ -\frac{1}{2} \\ \frac{1}{2} \\ 0 \\ 0 \end{pmatrix} + c_1 \begin{pmatrix} \frac{1}{2} \\ -\frac{1}{2} \\ -\frac{1}{2} \\ 1 \\ 0 \end{pmatrix} + c_2 \begin{pmatrix} 0 \\ 0 \\ -1 \\ 0 \\ 1 \end{pmatrix}$$

が解である．★

問題 **2.2.15**　次の連立 1 次方程式を解け．

$$\begin{pmatrix} 2 & 4 & 1 & 3 & -2 \\ -3 & -6 & -2 & -4 & -1 \\ 3 & 6 & 2 & 4 & -1 \end{pmatrix} \begin{pmatrix} x_1 \\ x_2 \\ x_3 \\ x_4 \\ x_5 \end{pmatrix} = \begin{pmatrix} -3 \\ 2 \\ -3 \end{pmatrix}$$

それでは，連立 1 次方程式が解を持たない場合，すなわち係数行列と拡大係数行列の階数が異なる場合は，何が起きているのであろうか．例題 2.2.11 の連立 1 次方程式 (2.2.5) を思い出して欲しい．拡大係数行列の簡約行列は

$$\left(\begin{array}{ccc|c} 1 & 0 & -\frac{2}{3} & 0 \\ & 1 & \frac{4}{3} & 0 \\ & & & 1 \end{array}\right)$$

であった．この簡約行列の 3 行目に注目しよう．3 行目が表す方程式は

$$0x_1 + 0x_2 + 0x_3 = 1 \tag{2.2.9}$$

である．左辺は 0 で右辺は 1 であり，これは明らかにおかしい．よって (2.2.9) をみたす x_1, x_2, x_3，つまり連立 1 次方程式 (2.2.5) に解は存在しないのである．

問題 2.2.16　次の連立１次方程式を解け．ただし解を持たない場合もある．

(1) $$\begin{pmatrix} 0 & 1 & 3 \\ 2 & 1 & 0 \\ 4 & 3 & 3 \end{pmatrix} \begin{pmatrix} x_1 \\ x_2 \\ x_3 \end{pmatrix} = \begin{pmatrix} 2 \\ -1 \\ -3 \end{pmatrix}$$

(2) $$\begin{pmatrix} -3 & 2 & 6 \\ -1 & \frac{2}{3} & 2 \\ \frac{3}{2} & -1 & -3 \end{pmatrix} \begin{pmatrix} x_1 \\ x_2 \\ x_3 \end{pmatrix} = \begin{pmatrix} -3 \\ -1 \\ \frac{3}{2} \end{pmatrix}$$

(3) $$\begin{pmatrix} -2 & 1 & -4 & -1 \\ 5 & -4 & 4 & 1 \\ -3 & 3 & 2 & 0 \end{pmatrix} \begin{pmatrix} x_1 \\ x_2 \\ x_3 \\ x_4 \end{pmatrix} = \begin{pmatrix} 2 \\ 1 \\ -6 \end{pmatrix}$$

(4) $$\begin{pmatrix} 3 & -4 & 8 & 4 \\ 1 & 0 & 2 & 2 \\ 2 & 2 & 3 & 5 \end{pmatrix} \begin{pmatrix} x_1 \\ x_2 \\ x_3 \\ x_4 \end{pmatrix} = \begin{pmatrix} 4 \\ -3 \\ -1 \end{pmatrix}$$

(5) $$\begin{pmatrix} 1 & 3 & 3 & -5 & 6 \\ -2 & -2 & 2 & 4 & 0 \\ 3 & 1 & 3 & -5 & 0 \\ -1 & 1 & 0 & 0 & 1 \end{pmatrix} \begin{pmatrix} x_1 \\ x_2 \\ x_3 \\ x_4 \\ x_5 \end{pmatrix} = \begin{pmatrix} -1 \\ 3 \\ 3 \\ -3 \end{pmatrix}$$

斉次形と自明解　次のように右辺がゼロベクトルである連立１次方程式を，**斉次連立１次方程式**という．あるいは簡単に**斉次形**ということもある．

$$A\boldsymbol{x} = \boldsymbol{0}$$

斉次形は明らかに $\boldsymbol{x} = \boldsymbol{0}$ を解に持つ．これを**自明解**という．

本によっては斉次形のことを**同次形**と呼ぶものもあるが，同じ意味である．本書では斉次を用いる．

定理 2.2.17　A は $m \times n$ 行列とする．斉次連立１次方程式 $A\boldsymbol{x} = \boldsymbol{0}$ の解が自明解のみであることの必要十分条件は

$$\operatorname{rank} A = n \tag{2.2.10}$$

である．

定理 2.2.17 の対偶を考えると，斉次連立 1 次方程式 $A\boldsymbol{x} = \mathbf{0}$ が自明解以外の解を持つことと

$$\operatorname{rank} A \neq n$$

は同値である．特に，$m < n$ なら

$$\operatorname{rank} A \leq m < n$$

なので $A\boldsymbol{x} = \mathbf{0}$ は必ず非自明解を持つ．

例題 2.2.18

次の斉次連立 1 次方程式を解け．

(1) $$\begin{pmatrix} -3 & -2 & 1 \\ 2 & 2 & -3 \\ 0 & 2 & -7 \end{pmatrix} \begin{pmatrix} x_1 \\ x_2 \\ x_3 \end{pmatrix} = \begin{pmatrix} 0 \\ 0 \\ 0 \end{pmatrix}$$

(2) $$\begin{pmatrix} -2 & 1 & 0 & 6 & 5 \\ 5 & 0 & 3 & 4 & -7 \\ -1 & 3 & 3 & -2 & 0 \end{pmatrix} \begin{pmatrix} x_1 \\ x_2 \\ x_3 \\ x_4 \\ x_5 \end{pmatrix} = \begin{pmatrix} 0 \\ 0 \\ 0 \end{pmatrix}$$

【解答】　(1)　斉次形であるから，拡大係数行列ではなく係数行列に基本変形を施せばよい．2 行目を $\frac{1}{2}$ 倍した後，1 行目と 2 行目を入れ替えて

$$\begin{pmatrix} 1 & 1 & -\frac{3}{2} \\ -3 & -2 & 1 \\ & 2 & -7 \end{pmatrix}$$

2 行目に 1 行目の 3 倍を加えて

$$\begin{pmatrix} 1 & 1 & -\frac{3}{2} \\ & 1 & -\frac{7}{2} \\ & 2 & -7 \end{pmatrix}$$

3行目に2行目の -2 倍を加えて

$$\begin{pmatrix} 1 & 1 & -\frac{3}{2} \\ & 1 & -\frac{7}{2} \\ & & \end{pmatrix}$$

係数行列の階数は2である．定理2.2.17により，この連立1次方程式は非自明解を持つ．1行目に2行目の -1 倍を加えて

$$\begin{pmatrix} 1 & 0 & 2 \\ & 1 & -\frac{7}{2} \\ & & \end{pmatrix}$$

この簡約行列が表す連立1次方程式は

$$\begin{cases} x_1 \qquad + 2x_3 = 0 \\ \quad x_2 - \dfrac{7}{2}x_3 = 0 \end{cases}$$

である．c を実数として主成分のない変数 $x_3 = c$ とすると

$$\begin{pmatrix} x_1 \\ x_2 \\ x_3 \end{pmatrix} = c \begin{pmatrix} -2 \\ \frac{7}{2} \\ 1 \end{pmatrix}$$

と非自明解が得られた．

(2)　係数行列は3行5列であるから定理2.2.17のすぐ下で述べたことより，この連立1次方程式は非自明解を持つ．係数行列の3行目を -1 倍した後，1行目と3行目を入れ替えて

$$\begin{pmatrix} 1 & -3 & -3 & 2 & 0 \\ 5 & 0 & 3 & 4 & -7 \\ -2 & 1 & 0 & 6 & 5 \end{pmatrix}$$

2行目に1行目の -5 倍を，3行目に1行目の2倍をそれぞれ加えて

$$\begin{pmatrix} 1 & -3 & -3 & 2 & 0 \\ & 15 & 18 & -6 & -7 \\ & -5 & -6 & 10 & 5 \end{pmatrix}$$

2 行目と 3 行目を入れ替えて

$$\begin{pmatrix} 1 & -3 & -3 & 2 & 0 \\ & -5 & -6 & 10 & 5 \\ & 15 & 18 & -6 & -7 \end{pmatrix}$$

3 行目に 2 行目の 3 倍を加えて

$$\begin{pmatrix} 1 & -3 & -3 & 2 & 0 \\ & -5 & -6 & 10 & 5 \\ & & & 24 & 8 \end{pmatrix}$$

2 行目を $-\frac{1}{5}$ 倍，3 行目を $\frac{1}{8}$ 倍して

$$\begin{pmatrix} 1 & -3 & -3 & 2 & 0 \\ & 1 & \frac{6}{5} & -2 & -1 \\ & & & 1 & \frac{1}{3} \end{pmatrix}$$

1 行目に 2 行目の 3 倍を加えて

$$\begin{pmatrix} 1 & 0 & \frac{3}{5} & -4 & -3 \\ & 1 & \frac{6}{5} & -2 & -1 \\ & & & 1 & \frac{1}{3} \end{pmatrix}$$

1 行目に 3 行目の 4 倍を，2 行目に 3 行目の 2 倍をそれぞれ加えて

$$\begin{pmatrix} 1 & 0 & \frac{3}{5} & 0 & -\frac{5}{3} \\ & 1 & \frac{6}{5} & 0 & -\frac{1}{3} \\ & & & 1 & \frac{1}{3} \end{pmatrix}$$

c_1, c_2 を実数として $x_3 = c_1$, $x_5 = c_2$ とすると

$$\begin{pmatrix} x_1 \\ x_2 \\ x_3 \\ x_4 \\ x_5 \end{pmatrix} = c_1 \begin{pmatrix} -\frac{3}{5} \\ -\frac{6}{5} \\ 1 \\ 0 \\ 0 \end{pmatrix} + c_2 \begin{pmatrix} \frac{5}{3} \\ \frac{1}{3} \\ 0 \\ -\frac{1}{3} \\ 1 \end{pmatrix}$$

が非自明解である．★

問題 **2.2.19**　次の斉次連立1次方程式を解け．

(1) $\begin{pmatrix} -3 & -2 & 5 \\ 4 & 5 & -2 \\ 5 & 2 & -11 \end{pmatrix}\begin{pmatrix} x_1 \\ x_2 \\ x_3 \end{pmatrix} = \begin{pmatrix} 0 \\ 0 \\ 0 \end{pmatrix}$　　(2) $\begin{pmatrix} 2 & 2 & 1 \\ 2 & 1 & 2 \\ 1 & 2 & 2 \end{pmatrix}\begin{pmatrix} x_1 \\ x_2 \\ x_3 \end{pmatrix} = \begin{pmatrix} 0 \\ 0 \\ 0 \end{pmatrix}$

(3) $\begin{pmatrix} 4 & 4 & 2 & 3 \\ 3 & 3 & 3 & 2 \\ 2 & 2 & 4 & 1 \end{pmatrix}\begin{pmatrix} x_1 \\ x_2 \\ x_3 \\ x_4 \end{pmatrix} = \begin{pmatrix} 0 \\ 0 \\ 0 \end{pmatrix}$

一般解と特殊解　次の定理2.2.20の $\boldsymbol{y} + \boldsymbol{y}_0$ を連立1次方程式 $A\boldsymbol{x} = \boldsymbol{b}$ の**一般解**という．このうち $\boldsymbol{y}$ を $A\boldsymbol{x} = \boldsymbol{b}$ の**特殊解**という．

> **定理 2.2.20**　一般に連立1次方程式 $A\boldsymbol{x} = \boldsymbol{b}$ の解は，$\boldsymbol{x} = \boldsymbol{y} + \boldsymbol{y}_0$ というように $\boldsymbol{y}$ および $\boldsymbol{y}_0$ の和で表される．ここで，$\boldsymbol{y}$ は $A\boldsymbol{x} = \boldsymbol{b}$ の1つの解，$\boldsymbol{y}_0$ は斉次形 $A\boldsymbol{x} = \boldsymbol{0}$ の解である．

定理2.2.20の述べていることは分かりにくいかもしれない．少し説明を加えよう．まず，定理2.2.20の $\boldsymbol{y} + \boldsymbol{y}_0$ が $A\boldsymbol{x} = \boldsymbol{b}$ の解になっていることはすぐに分かる．$\boldsymbol{x} = \boldsymbol{y} + \boldsymbol{y}_0$ を代入すると

$$A(\boldsymbol{y} + \boldsymbol{y}_0) = A\boldsymbol{y} + A\boldsymbol{y}_0 = \boldsymbol{b} + \boldsymbol{0} = \boldsymbol{b}$$

である．定理は $A\boldsymbol{x} = \boldsymbol{b}$ の解はすべてこのように和（つまり一般解）で表すことができると主張しているのである．読者の皆さんは既にこの一般解の形で連立1次方程式を解いている．例えば，例題2.2.10の連立1次方程式

$$\begin{pmatrix} 2 & 3 & 4 \\ 2 & 3 & 2 \\ 2 & 3 & -2 \end{pmatrix}\begin{pmatrix} x_1 \\ x_2 \\ x_3 \end{pmatrix} = \begin{pmatrix} 0 \\ -1 \\ -3 \end{pmatrix} \tag{2.2.11}$$

の解は

$$\begin{pmatrix} x_1 \\ x_2 \\ x_3 \end{pmatrix} = \begin{pmatrix} -1 \\ 0 \\ \frac{1}{2} \end{pmatrix} + c\begin{pmatrix} -\frac{3}{2} \\ 1 \\ 0 \end{pmatrix} \tag{2.2.12}$$

であった．これは既に一般解の形をしているのである．つまり

$$\boldsymbol{y} = \begin{pmatrix} -1 \\ 0 \\ \frac{1}{2} \end{pmatrix} \text{ は特殊解,} \quad \boldsymbol{y}_0 = c\begin{pmatrix} -\frac{3}{2} \\ 1 \\ 0 \end{pmatrix} \text{ は斉次形の解}$$

となっている．実際

$$\begin{pmatrix} 2 & 3 & 4 \\ 2 & 3 & 2 \\ 2 & 3 & -2 \end{pmatrix}\begin{pmatrix} -1 \\ 0 \\ \frac{1}{2} \end{pmatrix} = \begin{pmatrix} 0 \\ -1 \\ -3 \end{pmatrix}, \quad \begin{pmatrix} 2 & 3 & 4 \\ 2 & 3 & 2 \\ 2 & 3 & -2 \end{pmatrix}\begin{pmatrix} -\frac{3}{2} \\ 1 \\ 0 \end{pmatrix} = \begin{pmatrix} 0 \\ 0 \\ 0 \end{pmatrix}$$

をみたす．ここで注意したいのは，特殊解と斉次形の解の和の表現は一意ではないことである．例えば

$$\boldsymbol{y} = \begin{pmatrix} -\frac{5}{2} \\ 1 \\ \frac{1}{2} \end{pmatrix}$$

も (2.2.11) の特殊解である．ただし，拡大係数行列を最後まで簡約するといったこれまで学んだ解法に従えば，必ず (2.2.12) の表現となる．もう 1 つ，例題 2.2.14 の連立 1 次方程式

$$\begin{pmatrix} 1 & 2 & 3 & 2 & 3 \\ 2 & 3 & 1 & 1 & 1 \\ 3 & 3 & 2 & 1 & 2 \end{pmatrix}\begin{pmatrix} x_1 \\ x_2 \\ x_3 \\ x_4 \\ x_5 \end{pmatrix} = \begin{pmatrix} 2 \\ 3 \\ 7 \end{pmatrix}$$

で見てみよう．この連立 1 次方程式の解については

$$\begin{pmatrix} x_1 \\ x_2 \\ x_3 \\ x_4 \\ x_5 \end{pmatrix} = \underbrace{\begin{pmatrix} \frac{7}{2} \\ -\frac{1}{2} \\ \frac{1}{2} \\ 0 \\ 0 \end{pmatrix}}_{\text{特殊解}} + \underbrace{c_1\begin{pmatrix} \frac{1}{2} \\ -\frac{1}{2} \\ -\frac{1}{2} \\ 1 \\ 0 \end{pmatrix} + c_2\begin{pmatrix} 0 \\ 0 \\ -1 \\ 0 \\ 1 \end{pmatrix}}_{\text{斉次形の解}}$$

となっている．各自で確認してもらいたい．

2.3　逆行列の計算

第1章では2次正方行列の場合の逆行列を扱ったが，本節ではより大きな一般のサイズの行列の逆行列を求めることが目標である．2次正方行列の場合は，いきなり逆行列の公式 (1.3.1) を与えた．一般のサイズの場合の公式はどのようになるのであろうか．結論から述べると，一般の場合にもこういった公式がないわけではないが，相当に複雑なものとなる．次節において3次正方行列の場合を例として触れることになるが，とりあえず本節では前節までで身につけた基本変形によって逆行列を求める方法を説明しよう．

逆行列と正則行列　n 次正方行列 A に対して，n 次正方行列 B が存在して

$$AB = BA = E_n \tag{2.3.1}$$

をみたすとき，B を A の**逆行列**といい

$$B = A^{-1} \tag{2.3.2}$$

と書く．また逆行列を持つ行列を**正則行列**あるいは単に**正則**という．

2次正方行列の場合は逆行列を公式として与え，その与えられた逆行列が性質 (2.3.1) をみたすと説明した．本節のはじめにも述べたが，一般の場合は公式を与えることができないので，順序を変えて関係式 (2.3.1) によって逆行列を定義するのである．また (2.3.2) のように A の逆行列を A^{-1} と書くことができるのは，行列 A に対して，（存在するならば）その逆行列は1つしかないからである．実際 B と C がどちらも A の逆行列であったとすると，結合法則（命題 1.1.4）に注意して

$$B = BE_n = B(AC) = (BA)C = E_nC = C$$

となる．

2次正方行列の場合は，正則であるかそうでないかを行列式によって判定できた（命題 1.3.1 およびそのすぐ下の説明を見よ）．実はこれらは一般の大きさの正方行列についても正しいのであるが，大きい正方行列の行列式の計算は次節を待たねばならないので，ここでは次の階数による正則行列の特徴づけを与えよう．

定理 2.3.1 A を n 次正方行列とする．A が正則行列であるための必要十分条件は

$$\operatorname{rank} A = n$$

である．

例題 2.3.2

次の行列 A および B が正則かどうか判定せよ．

$$A = \begin{pmatrix} 2 & 3 \\ 4 & 5 \end{pmatrix}, \quad B = \begin{pmatrix} 3 & 3 & 2 \\ 2 & 2 & 1 \\ 1 & 2 & 2 \end{pmatrix}$$

【解答】 A の 2 行目に 1 行目の -2 倍を加えて

$$\begin{pmatrix} 2 & 3 \\ & -1 \end{pmatrix}$$

$\operatorname{rank} A = 2$ で定理 2.3.1 により A は正則行列である．A は 2 次正方行列であるから実際に行列式を計算して $\left|A\right| = -2$ であることからも確かめられる．次に，B の 1 行目と 3 行目を入れ替えて

$$\begin{pmatrix} 1 & 2 & 2 \\ 2 & 2 & 1 \\ 3 & 3 & 2 \end{pmatrix}$$

2 行目に 1 行目の -2 倍を，3 行目に 1 行目の -3 倍をそれぞれ加えて

$$\begin{pmatrix} 1 & 2 & 2 \\ & -2 & -3 \\ & -3 & -4 \end{pmatrix}$$

3 行目に 2 行目の $-\frac{3}{2}$ 倍を加えて

$$\begin{pmatrix} 1 & 2 & 2 \\ & -2 & -3 \\ & & \frac{1}{2} \end{pmatrix}$$

$\operatorname{rank} B = 3$ で B は正則行列である．★

問題 2.3.3　次の行列 A および B が正則かどうか判定せよ．

$$A=\begin{pmatrix}-2 & -3 & -1\\ 4 & 3 & -1\\ 2 & -1 & -3\end{pmatrix},\quad B=\begin{pmatrix}5 & 6 & 2 & 3\\ 1 & 0 & -3 & 2\\ 2 & 2 & 0 & 1\\ 1 & 2 & 3 & -4\end{pmatrix}$$

定理 2.3.1 の主張では，与えられた正方行列が正則であるかどうかを判定できるだけである．肝心の逆行列を求める方法は次の定理による．

定理 2.3.4　A を n 次の正則行列とする．$\left(A \mid E_n\right)$ の簡約行列は

$$\left(E_n \mid A^{-1}\right)$$

である．

A が正則ではない場合は，定理 2.3.1 により，その階数は n には届かない．よって $\left(A \mid E_n\right)$ の簡約化の左半分が単位行列にはならない．つまりこの定理で同時に正則であるかも判定できる．

とにかくこの定理によれば，何も考えずに $n \times 2n$ 行列の $\left(A \mid E_n\right)$ を簡約すれば簡約行列の右半分に逆行列が現れるのである．不思議に感じるであろうか．実はこれまでの知識で右半分に逆行列が現れる理由に概ね説明がつく．簡単のため 3 次正方行列の場合で説明しよう．$AB = E_3$ をみたす 3 次正方行列 B を求めることができれば，この B が A の逆行列である（後の定理 2.3.6 を見よ）．求めたい行列 B と単位行列 E_3 を次のように列ベクトルで表しておく．

$$B = (\boldsymbol{x}_1\ \boldsymbol{x}_2\ \boldsymbol{x}_3),\quad E_3 = (\boldsymbol{e}_1\ \boldsymbol{e}_2\ \boldsymbol{e}_3)$$

ここで

$$\boldsymbol{e}_1=\begin{pmatrix}1\\0\\0\end{pmatrix},\quad \boldsymbol{e}_2=\begin{pmatrix}0\\1\\0\end{pmatrix},\quad \boldsymbol{e}_3=\begin{pmatrix}0\\0\\1\end{pmatrix}$$

である．これらは 3 次の**基本ベクトル**とも呼ばれ，しばしば重要な役割を果たす．さて，行列のベクトル表記によって $AB = E_3$ は

$$(A\boldsymbol{x}_1\ A\boldsymbol{x}_2\ A\boldsymbol{x}_3) = (\boldsymbol{e}_1\ \boldsymbol{e}_2\ \boldsymbol{e}_3)$$

と表される．よって結局，3 つの連立 1 次方程式

$$A\boldsymbol{x}_1 = \boldsymbol{e}_1, \quad A\boldsymbol{x}_2 = \boldsymbol{e}_2, \quad A\boldsymbol{x}_3 = \boldsymbol{e}_3$$

を解いて $\boldsymbol{x}_1$，$\boldsymbol{x}_2$，$\boldsymbol{x}_3$ を求めればよいことが分かった．$\left(A \mid E_3\right)$ の簡約はこれらの 3 つの連立 1 次方程式を同時に解いていることに他ならない．

それでは以下の例題と問題に定理 2.3.4 を適用してみよう．

例題 2.3.5

次の行列 A および B の逆行列をそれぞれ求めよ．

$$A = \begin{pmatrix} 2 & 3 \\ 4 & 5 \end{pmatrix}, \quad B = \begin{pmatrix} 3 & 3 & 2 \\ 2 & 2 & 1 \\ 1 & 2 & 2 \end{pmatrix}$$

【解答】　例題 2.3.2 でこれらはいずれも正則であることは分かっている．定理 2.3.4 に従って

$$\left(A \mid E_2\right) = \left(\begin{array}{cc|cc} 2 & 3 & 1 & \\ 4 & 5 & & 1 \end{array}\right)$$

を簡約する．2 行目に 1 行目の -2 倍を加えて

$$\left(\begin{array}{cc|cc} 2 & 3 & 1 & 0 \\ & -1 & -2 & 1 \end{array}\right)$$

1 行目に 2 行目の 3 倍を加えて

$$\left(\begin{array}{cc|cc} 2 & & -5 & 3 \\ & -1 & -2 & 1 \end{array}\right)$$

1 行目を $\frac{1}{2}$ 倍，2 行目を -1 倍して

$$\left(\begin{array}{cc|cc} 1 & & -\frac{5}{2} & \frac{3}{2} \\ & 1 & 2 & -1 \end{array}\right)$$

よって

$$A^{-1} = \begin{pmatrix} -\frac{5}{2} & \frac{3}{2} \\ 2 & -1 \end{pmatrix}$$

である．続いて

$$\left(B \;\middle|\; E_3\right) = \left(\begin{array}{ccc|ccc} 3 & 3 & 2 & 1 & & \\ 2 & 2 & 1 & & 1 & \\ 1 & 2 & 2 & & & 1 \end{array}\right)$$

を簡約する．1行目と3行目を入れ替えて

$$\left(\begin{array}{ccc|ccc} 1 & 2 & 2 & 0 & 0 & 1 \\ 2 & 2 & 1 & 0 & 1 & 0 \\ 3 & 3 & 2 & 1 & 0 & 0 \end{array}\right)$$

2行目に1行目の -2 倍を，3行目に1行目の -3 倍をそれぞれ加えて

$$\left(\begin{array}{ccc|ccc} 1 & 2 & 2 & 0 & 0 & 1 \\ & -2 & -3 & 0 & 1 & -2 \\ & -3 & -4 & 1 & 0 & -3 \end{array}\right)$$

3行目に2行目の $-\frac{3}{2}$ 倍を加えて

$$\left(\begin{array}{ccc|ccc} 1 & 2 & 2 & 0 & 0 & 1 \\ & -2 & -3 & 0 & 1 & -2 \\ & & \frac{1}{2} & 1 & -\frac{3}{2} & 0 \end{array}\right)$$

2行目を $-\frac{1}{2}$ 倍，3行目を2倍して

$$\left(\begin{array}{ccc|ccc} 1 & 2 & 2 & 0 & 0 & 1 \\ & 1 & \frac{3}{2} & 0 & -\frac{1}{2} & 1 \\ & & 1 & 2 & -3 & 0 \end{array}\right)$$

1行目に3行目の -2 倍を，2行目に3行目の $-\frac{3}{2}$ 倍をそれぞれ加えて

$$\left(\begin{array}{ccc|ccc} 1 & 2 & & -4 & 6 & 1 \\ & 1 & & -3 & 4 & 1 \\ & & 1 & 2 & -3 & 0 \end{array}\right)$$

1行目に2行目の -2 倍を加えて

$$\left(\begin{array}{ccc|ccc} 1 & & & 2 & -2 & -1 \\ & 1 & & -3 & 4 & 1 \\ & & 1 & 2 & -3 & 0 \end{array}\right)$$

よって

$$B^{-1} = \begin{pmatrix} 2 & -2 & -1 \\ -3 & 4 & 1 \\ 2 & -3 & 0 \end{pmatrix}$$

である．★

3 次正方行列の逆行列を求めるには，3×6 行列を簡約することになり，必然的に計算ミスも多くなる．面倒に思うかもしれないが，求めた逆行列を元の行列と掛け合わせて単位行列になるかを検算することを強く勧める．ただし，両側の積を確かめる必要はない．例えば n 次正方行列 A の逆行列 A^{-1} を求めたとしよう．検算は

$$AA^{-1} = E_n \quad \text{あるいは} \quad A^{-1}A = E_n$$

のどちらか一方でよい．逆行列の定義式 (2.3.1) によれば両側の積が単位行列になる必要があると書かれているが，実は片側で十分であることが知られている．これを定理として述べておこう．

定理 2.3.6　A と B は n 次正方行列とする．

$$AB = E_n$$

をみたすなら $B = A^{-1}$ であり $A = B^{-1}$ でもある．

問題 2.3.7　次の行列 A および B の逆行列をそれぞれ求めよ．

$$A = \begin{pmatrix} 0 & -1 & 3 \\ -1 & 3 & 0 \\ 0 & 3 & -1 \end{pmatrix}, \quad B = \begin{pmatrix} -1 & -1 & -3 \\ -1 & -3 & -1 \\ -3 & -1 & -1 \end{pmatrix}$$

問題 2.3.8　次の行列の逆行列を求めよ．ただし正則でない場合もある．

$$A = \begin{pmatrix} -2 & 0 & 1 \\ -4 & -4 & -4 \\ 0 & -1 & -2 \end{pmatrix}, \quad B = \begin{pmatrix} -12 & 4 & 2 \\ 4 & 2 & -4 \\ -2 & -2 & 3 \end{pmatrix}$$

$$C = \begin{pmatrix} 2 & 1 & 2 \\ 4 & 2 & 1 \\ 1 & 2 & 1 \end{pmatrix}, \qquad D = \begin{pmatrix} 4 & -\frac{1}{3} & 2 \\ -\frac{1}{3} & -\frac{1}{4} & -\frac{1}{3} \\ 2 & -1 & \frac{1}{2} \end{pmatrix}$$

例題 2.3.9

次の行列の逆行列を求めよ．

$$A = \begin{pmatrix} -3 & 0 & -2 & 2 \\ 0 & 1 & 1 & -2 \\ 2 & -1 & 1 & 0 \\ -1 & 3 & 0 & -2 \end{pmatrix} \tag{2.3.3}$$

【解答】　4次正方行列であるから，次の 4×8 行列を簡約せねばならない．当然計算量は多く大変である．

$$(A \mid E_4) = \left(\begin{array}{cccc|cccc} -3 & 0 & -2 & 2 & 1 & & & \\ 0 & 1 & 1 & -2 & & 1 & & \\ 2 & -1 & 1 & 0 & & & 1 & \\ -1 & 3 & 0 & -2 & & & & 1 \end{array}\right)$$

4行目を -1 倍した後，1行目と4行目を入れ替えて

$$\left(\begin{array}{cccc|cccc} 1 & -3 & 0 & 2 & 0 & 0 & 0 & -1 \\ 0 & 1 & 1 & -2 & 0 & 1 & 0 & 0 \\ 2 & -1 & 1 & 0 & 0 & 0 & 1 & 0 \\ -3 & 0 & -2 & 2 & 1 & 0 & 0 & 0 \end{array}\right)$$

3行目に1行目の -2 倍を，4行目に1行目の3倍をそれぞれ加えて

$$\left(\begin{array}{cccc|cccc} 1 & -3 & 0 & 2 & 0 & 0 & 0 & -1 \\ & 1 & 1 & -2 & 0 & 1 & 0 & 0 \\ & 5 & 1 & -4 & 0 & 0 & 1 & 2 \\ & -9 & -2 & 8 & 1 & 0 & 0 & -3 \end{array}\right)$$

3行目に2行目の -5 倍を，4行目に1行目の9倍をそれぞれ加えて

$$\left(\begin{array}{cccc|cccc} 1 & -3 & 0 & 2 & 0 & 0 & 0 & -1 \\ & 1 & 1 & -2 & 0 & 1 & 0 & 0 \\ & & -4 & 6 & 0 & -5 & 1 & 2 \\ & & 7 & -10 & 1 & 9 & 0 & -3 \end{array}\right)$$

3 行目を $-\frac{1}{4}$ 倍して

$$\left(\begin{array}{cccc|cccc} 1 & -3 & 0 & 2 & 0 & 0 & 0 & -1 \\ & 1 & 1 & -2 & 0 & 1 & 0 & 0 \\ & & 1 & -\frac{3}{2} & 0 & \frac{5}{4} & -\frac{1}{4} & -\frac{1}{2} \\ & & 7 & -10 & 1 & 9 & 0 & -3 \end{array}\right)$$

4 行目に 3 行目の -7 倍を加えて

$$\left(\begin{array}{cccc|cccc} 1 & -3 & 0 & 2 & 0 & 0 & 0 & -1 \\ & 1 & 1 & -2 & 0 & 1 & 0 & 0 \\ & & 1 & -\frac{3}{2} & 0 & \frac{5}{4} & -\frac{1}{4} & -\frac{1}{2} \\ & & & \frac{1}{2} & 1 & \frac{1}{4} & \frac{7}{4} & \frac{1}{2} \end{array}\right)$$

4 行目を 2 倍して

$$\left(\begin{array}{cccc|cccc} 1 & -3 & 0 & 2 & 0 & 0 & 0 & -1 \\ & 1 & 1 & -2 & 0 & 1 & 0 & 0 \\ & & 1 & -\frac{3}{2} & 0 & \frac{5}{4} & -\frac{1}{4} & -\frac{1}{2} \\ & & & 1 & 2 & \frac{1}{2} & \frac{7}{2} & 1 \end{array}\right)$$

1 行目に 4 行目の -2 倍を，2 行目に 4 行目の 2 倍を，3 行目に 4 行目の $\frac{3}{2}$ 倍をそれぞれ加えて

$$\left(\begin{array}{cccc|cccc} 1 & -3 & & & -4 & -1 & -7 & -3 \\ & 1 & 1 & & 4 & 2 & 7 & 2 \\ & & 1 & & 3 & 2 & 5 & 1 \\ & & & 1 & 2 & \frac{1}{2} & \frac{7}{2} & 1 \end{array}\right)$$

2 行目に 3 行目の -1 倍を加えて

$$\left(\begin{array}{cccc|cccc} 1 & -3 & & & -4 & -1 & -7 & -3 \\ & 1 & & & 1 & 0 & 2 & 1 \\ & & 1 & & 3 & 2 & 5 & 1 \\ & & & 1 & 2 & \frac{1}{2} & \frac{7}{2} & 1 \end{array}\right)$$

1行目に2行目の3倍を加えて

$$\left(\begin{array}{cccc|cccc} 1 & & & & -1 & -1 & -1 & 0 \\ & 1 & & & 1 & 0 & 2 & 1 \\ & & 1 & & 3 & 2 & 5 & 1 \\ & & & 1 & 2 & \frac{1}{2} & \frac{7}{2} & 1 \end{array}\right)$$

よって A の逆行列は

$$A^{-1} = \begin{pmatrix} -1 & -1 & -1 & 0 \\ 1 & 0 & 2 & 1 \\ 3 & 2 & 5 & 1 \\ 2 & \frac{1}{2} & \frac{7}{2} & 1 \end{pmatrix}$$

である. ★

問題 **2.3.10** 次の行列の逆行列を求めよ.

$$A = \begin{pmatrix} 2 & 1 & 0 & -3 \\ 1 & 1 & 2 & 1 \\ 3 & 2 & 3 & -1 \\ -1 & -2 & 2 & 3 \end{pmatrix}, \quad B = \begin{pmatrix} \frac{3}{2} & 1 & \frac{1}{2} & 1 \\ 2 & 1 & 3 & 1 \\ \frac{1}{2} & -2 & \frac{1}{2} & -1 \\ -1 & 5 & -4 & 3 \end{pmatrix}$$

例題 2.3.11

次の連立1次方程式を係数行列の逆行列を用いて解け.

$$\begin{pmatrix} 2 & 2 & -1 \\ 1 & 3 & 2 \\ -1 & 1 & 1 \end{pmatrix} \begin{pmatrix} x_1 \\ x_2 \\ x_3 \end{pmatrix} = \begin{pmatrix} 4 \\ 1 \\ 1 \end{pmatrix}$$

【解答】 1.4節で2次正方行列の場合に学んだ方法の3次正方行列版である.

$$A = \begin{pmatrix} 2 & 2 & -1 \\ 1 & 3 & 2 \\ -1 & 1 & 1 \end{pmatrix}$$

の逆行列を求め, それを右辺のベクトルに掛ければ解となる.

$$\left(A \mid E_3\right) = \left(\begin{array}{ccc|ccc} 2 & 2 & -1 & 1 & & \\ 1 & 3 & 2 & & 1 & \\ -1 & 1 & 1 & & & 1 \end{array}\right)$$

1 行目と 2 行目を入れ替えて

$$\left(\begin{array}{ccc|ccc} 1 & 3 & 2 & 0 & 1 & 0 \\ 2 & 2 & -1 & 1 & 0 & 0 \\ -1 & 1 & 1 & 0 & 0 & 1 \end{array}\right)$$

2 行目に 1 行目の -2 倍を，3 行目に 1 行目の 1 倍をそれぞれ加えて

$$\left(\begin{array}{ccc|ccc} 1 & 3 & 2 & 0 & 1 & 0 \\ & -4 & -5 & 1 & -2 & 0 \\ & 4 & 3 & 0 & 1 & 1 \end{array}\right)$$

3 行目に 2 行目の 1 倍を加えて

$$\left(\begin{array}{ccc|ccc} 1 & 3 & 2 & 0 & 1 & 0 \\ & -4 & -5 & 1 & -2 & 0 \\ & & -2 & 1 & -1 & 1 \end{array}\right)$$

2 行目を $-\frac{1}{4}$ 倍，3 行目を $-\frac{1}{2}$ 倍して

$$\left(\begin{array}{ccc|ccc} 1 & 3 & 2 & 0 & 1 & 0 \\ & 1 & \frac{5}{4} & -\frac{1}{4} & \frac{1}{2} & 0 \\ & & 1 & -\frac{1}{2} & \frac{1}{2} & -\frac{1}{2} \end{array}\right)$$

1 行目に 3 行目の -2 倍を，2 行目に 1 行目の $-\frac{5}{4}$ 倍をそれぞれ加えて

$$\left(\begin{array}{ccc|ccc} 1 & 3 & & 1 & 0 & 1 \\ & 1 & & \frac{3}{8} & -\frac{1}{8} & \frac{5}{8} \\ & & 1 & -\frac{1}{2} & \frac{1}{2} & -\frac{1}{2} \end{array}\right)$$

1 行目に 2 行目の -3 倍を加えて

$$\left(\begin{array}{ccc|ccc} 1 & & & -\frac{1}{8} & \frac{3}{8} & -\frac{7}{8} \\ & 1 & & \frac{3}{8} & -\frac{1}{8} & \frac{5}{8} \\ & & 1 & -\frac{1}{2} & \frac{1}{2} & -\frac{1}{2} \end{array}\right)$$

これより，解は

$$\begin{pmatrix} x_1 \\ x_2 \\ x_3 \end{pmatrix} = A^{-1} \begin{pmatrix} 4 \\ 1 \\ 1 \end{pmatrix} = \begin{pmatrix} -1 \\ 2 \\ -2 \end{pmatrix}$$

と得られる．★

今解いた例題 2.3.11 の連立 1 次方程式は前節の例題 2.1.3 とまったく同じものである．例題 2.1.3 の掃き出し法を用いた解法，例題 2.3.11 の逆行列を用いた解法，どちらが計算しやすかったであろうか．もちろんどちらで解いてもよいのであるが，おそらく掃き出し法の方が効率的に感じたと思う．今の例題や次の問題 2.3.12 および問題 2.3.13 のように特別な指示がない限りは，掃き出し法を用いるべきであろう．

問題 2.3.12　次の連立 1 次方程式を係数行列の逆行列を用いて解け．

(1) $$\begin{pmatrix} 1 & 0 & -1 \\ -2 & 1 & 0 \\ 0 & 2 & -3 \end{pmatrix} \begin{pmatrix} x_1 \\ x_2 \\ x_3 \end{pmatrix} = \begin{pmatrix} 1 \\ 2 \\ 3 \end{pmatrix}$$

(2) $$\begin{pmatrix} -4 & 2 & 3 \\ 2 & -3 & -5 \\ 6 & 1 & 2 \end{pmatrix} \begin{pmatrix} x_1 \\ x_2 \\ x_3 \end{pmatrix} = \begin{pmatrix} 2 \\ -4 \\ 1 \end{pmatrix}$$

問題 2.3.13　次の連立 1 次方程式を係数行列の逆行列を用いて解け．

$$\begin{pmatrix} 4 & 1 & 3 & 2 \\ 2 & -3 & 8 & -1 \\ -5 & -5 & -2 & -2 \\ 3 & 4 & -3 & 3 \end{pmatrix} \begin{pmatrix} x_1 \\ x_2 \\ x_3 \\ x_4 \end{pmatrix} = \begin{pmatrix} 2 \\ 3 \\ 12 \\ -3 \end{pmatrix}$$

2.4　行列式の計算

1.3 節で 2 次正方行列の行列式を定義した．本節では一般の n 次正方行列の行列式の計算方法を解説する．行列式は逆行列と密接な関係があるだけではなく，連立 1 次方程式の解とも深く関係している．一般の n 次行列式にも 2 次正方行列の行列式に対応する定義式が存在するが，本書では，定義式は 3 次までにとどめ，基本変形を駆使することによって 2 次または 3 次に帰着させるといった具体的な計算方法を学ぶ．

正方行列の行列式　正方行列 A の**行列式**を

$$|A|$$

で表す．n 次正方行列

$$\begin{pmatrix} a_{11} & a_{12} & \cdots & a_{1n} \\ a_{21} & a_{22} & \cdots & a_{2n} \\ & \cdots & \cdots & \\ a_{n1} & a_{n2} & \cdots & a_{nn} \end{pmatrix}$$

の行列式を直接

$$\begin{vmatrix} a_{11} & a_{12} & \cdots & a_{1n} \\ a_{21} & a_{22} & \cdots & a_{2n} \\ & \cdots & \cdots & \\ a_{n1} & a_{n2} & \cdots & a_{nn} \end{vmatrix}$$

と書くことも多い．

サラスの方法　3 次正方行列の行列式は

$$\begin{vmatrix} a_{11} & a_{12} & a_{13} \\ a_{21} & a_{22} & a_{23} \\ a_{31} & a_{32} & a_{33} \end{vmatrix} = a_{11}a_{22}a_{33} + a_{12}a_{23}a_{31} + a_{13}a_{32}a_{21} \\ - a_{13}a_{22}a_{31} - a_{11}a_{23}a_{32} - a_{12}a_{21}a_{33} \qquad (2.4.1)$$

と定義される．このまま覚えるのは無理があるが，次のように考えると簡単に計算できる．左上から右下に向けての成分の積は足し算，右上から左下に向けての成分の積は引き算として足し合わせればよい．

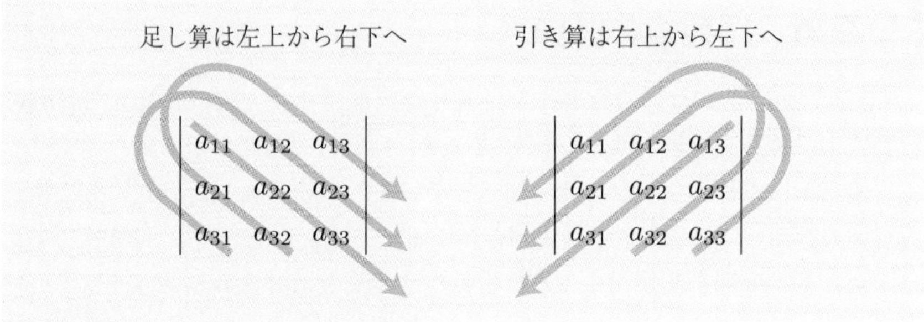

これを**サラス（Sarrus）の方法**という．

例題 2.4.1

次の行列式の値を求めよ．

(1) $\begin{vmatrix} 1 & 3 \\ -2 & -5 \end{vmatrix}$　　(2) $\begin{vmatrix} 0 & -3 & -2 \\ 5 & 0 & -1 \\ 1 & -2 & 0 \end{vmatrix}$　　(3) $\begin{vmatrix} -1 & 4 & -2 \\ 2 & 3 & 2 \\ 7 & -3 & 1 \end{vmatrix}$

【解答】　(1)　2 次正方行列の行列式の復習である．

$$\begin{vmatrix} 1 & 3 \\ -2 & -5 \end{vmatrix} = 1$$

(2)　3 次正方行列の行列式であるからサラスの方法を用いる．0 が多いから計算は容易である．

$$\begin{vmatrix} 0 & -3 & -2 \\ 5 & 0 & -1 \\ 1 & -2 & 0 \end{vmatrix} = (-3) \times (-1) \times 1 + (-2) \times (-2) \times 5 = 23$$

(3)　同じくサラスの方法によって

$$\begin{aligned} \begin{vmatrix} -1 & 4 & -2 \\ 2 & 3 & 2 \\ 7 & -3 & 1 \end{vmatrix} &= -1 \times 3 \times 1 + 4 \times 2 \times 7 + (-2) \times (-3) \times 2 \\ &\quad - (-2) \times 3 \times 7 - (-1) \times 2 \times (-3) - 4 \times 2 \times 1 \\ &= 93 \end{aligned}$$

★

問題 **2.4.2**　次の行列式の値を求めよ．

$$(1)\ \begin{vmatrix} 1 & 2 & 3 \\ 4 & 5 & 6 \\ 7 & 8 & 9 \end{vmatrix} \qquad (2)\ \begin{vmatrix} 6 & 5 & -4 \\ 1 & -3 & 0 \\ 4 & 4 & 3 \end{vmatrix} \qquad (3)\ \begin{vmatrix} \frac{1}{2} & 1 & -\frac{1}{2} \\ 1 & \frac{1}{3} & -3 \\ -\frac{1}{3} & 1 & \frac{1}{2} \end{vmatrix}$$

さて，2 次と 3 次の正方行列の行列式は計算できるようになった．4 次以上はどうすればよいのであろうか．本節冒頭でも述べたが，2 次または 3 次の行列式に帰着させることで計算することにしよう．そこで活躍するのは再び基本変形である．先に有用な命題を 2 つ与える．

命題 2.4.3　2 つの行が等しい行列の行列式の値は 0 である．

例題 2.4.4

次の行列式の値を求めよ．

$$\begin{vmatrix} -2 & 1 & 3 \\ 5 & 7 & 2 \\ -2 & 1 & 3 \end{vmatrix}$$

【解答】　1 行目と 3 行目が同じであるから，命題 2.4.3 によりこの行列式の値は 0 となるはずである．サラスの方法によってこれを確かめよう．

$$\begin{vmatrix} -2 & 1 & 3 \\ 5 & 7 & 2 \\ -2 & 1 & 3 \end{vmatrix} = -2 \times 7 \times 3 + 1 \times 2 \times (-2) + 3 \times 1 \times 5 \\ \quad - 3 \times 7 \times (-2) - (-2) \times 2 \times 1 - 1 \times 5 \times 3 \\ = 0$$

となって，確かに 0 である．★

命題 2.4.5　次の等式が成り立つ．左辺の 1 列目は a_{11} 以外はすべて 0 で，右辺は左辺の 1 行目と 1 列目を除いた $n-1$ 次の行列式である（左辺の網掛け部分に相当）．

$$\begin{vmatrix} a_{11} & a_{12} & \cdots & a_{1n} \\ 0 & a_{22} & \cdots & a_{2n} \\ & \cdots & \cdots & \\ 0 & a_{n2} & \cdots & a_{nn} \end{vmatrix} = a_{11} \begin{vmatrix} a_{22} & \cdots & a_{2n} \\ & \cdots & \\ a_{n2} & \cdots & a_{nn} \end{vmatrix}$$

例題 2.4.6

次の行列式の値を求めよ．

(1) $\begin{vmatrix} 3 & -9 & 5 \\ 0 & -4 & 3 \\ 0 & 7 & -5 \end{vmatrix}$　　(2) $\begin{vmatrix} \frac{1}{2} & \frac{3}{4} & \frac{1}{3} & 7 \\ 0 & \frac{1}{3} & 3 & -\frac{2}{5} \\ 0 & 0 & \frac{1}{4} & 2 \\ 0 & 0 & 0 & \frac{1}{5} \end{vmatrix}$

【解答】　(1)　命題 2.4.5 を利用すると

$$\begin{vmatrix} 3 & -9 & 5 \\ & -4 & 3 \\ & 7 & -5 \end{vmatrix} = 3 \begin{vmatrix} -4 & 3 \\ 7 & -5 \end{vmatrix} = -3$$

(2)　4 次正方行列の行列式であるが，命題 2.4.5 を繰り返し適用することによって

$$\begin{vmatrix} \frac{1}{2} & \frac{3}{4} & \frac{1}{3} & 7 \\ & \frac{1}{3} & 3 & -\frac{2}{5} \\ & & \frac{1}{4} & 2 \\ & & & \frac{1}{5} \end{vmatrix} = \frac{1}{2} \times \frac{1}{3} \times \frac{1}{4} \times \frac{1}{5} = \frac{1}{120}$$

と計算することができる．★

> **定理 2.4.7**（行列式と行基本変形）
> - 1つの行を α 倍すると行列式も α 倍される．
> - 2つの行を入れ替えると行列式は -1 倍される．
> - 1つの行に他の行の何倍かを加えても行列式は変わらない．

大きいサイズの行列式の計算は命題 2.4.5 と定理 2.4.7 によってなされる．具体的には，定理 2.4.7 に注意しながら行基本変形を施すことで，1列目を命題 2.4.5 が適用できる形に変形する．命題 2.4.5 の主張によれば行列式のサイズを1つ小さくできるので，この操作を繰り返して，3次の行列式にまで小さくしてサラスの方法を使う，あるいは，2次の行列式まで小さくして計算する，といった具合である．例題で見てみよう．

例題 2.4.8

次の行列式の値を求めよ．

$$\begin{vmatrix} 1 & 0 & 3 & 0 \\ -2 & 2 & 0 & 1 \\ 0 & 1 & 2 & -3 \\ 2 & 0 & 0 & 3 \end{vmatrix}$$

【解答】　2行目に1行目の2倍を，4行目に1行目の -2 倍をそれぞれ加えれば命題 2.4.5 によってサイズが1つ下がる．

$$\begin{vmatrix} 1 & 0 & 3 & 0 \\ -2 & 2 & 0 & 1 \\ 0 & 1 & 2 & -3 \\ 2 & 0 & 0 & 3 \end{vmatrix} = \begin{vmatrix} 1 & 0 & 3 & 0 \\ & 2 & 6 & 1 \\ & 1 & 2 & -3 \\ & 0 & -6 & 3 \end{vmatrix}$$

$$= \begin{vmatrix} 2 & 6 & 1 \\ 1 & 2 & -3 \\ 0 & -6 & 3 \end{vmatrix}$$

3次の行列式なのでサラスの方法を用いてもよいのであるが，ここでは基本変形を続けよう．3行目を $-\frac{1}{3}$ 倍する．定理 2.4.7 により行列式そのものが $-\frac{1}{3}$ 倍されてしまうので，全体を -3 倍せねばならない．

$$= -3\begin{vmatrix} 2 & 6 & 1 \\ 1 & 2 & -3 \\ 0 & 2 & -1 \end{vmatrix}$$

さらに 1 行目と 2 行目を入れ替えよう．定理 2.4.7 によれば全体が -1 倍されることに注意して

$$= 3\begin{vmatrix} 1 & 2 & -3 \\ 2 & 6 & 1 \\ 0 & 2 & -1 \end{vmatrix}$$

2 行目に 1 行目の -2 倍を加えれば，命題 2.4.5 によって 2 次の行列式となるので

$$= 3\begin{vmatrix} 1 & 2 & -3 \\ & 2 & 7 \\ & 2 & -1 \end{vmatrix} = 3\begin{vmatrix} 2 & 7 \\ 2 & -1 \end{vmatrix} = -48$$

と計算できた．★

問題 2.4.9　次の行列式の値を求めよ．

(1) $\begin{vmatrix} -2 & 1 & 4 & 2 \\ 3 & 2 & 0 & 3 \\ 1 & 2 & 1 & -1 \\ -1 & 0 & -1 & -5 \end{vmatrix}$

(2) $\begin{vmatrix} \frac{1}{3} & 2 & \frac{3}{2} & 1 \\ -1 & 2 & 1 & \frac{1}{3} \\ 2 & \frac{2}{3} & 1 & -\frac{1}{2} \\ 1 & \frac{2}{3} & \frac{1}{2} & -1 \end{vmatrix}$

転置行列　n 次正方行列

$$A = \begin{pmatrix} a_{11} & a_{12} & \cdots & a_{1n} \\ a_{21} & a_{22} & \cdots & a_{2n} \\ & \cdots & \cdots & \\ a_{n1} & a_{n2} & \cdots & a_{nn} \end{pmatrix}$$

に対して，行と列をすべて入れ替えた行列

$$A^T = \begin{pmatrix} a_{11} & a_{21} & \cdots & a_{n1} \\ a_{12} & a_{22} & \cdots & a_{n2} \\ & \cdots & \cdots & \\ a_{1n} & a_{2n} & \cdots & a_{nn} \end{pmatrix}$$

を A の**転置行列**あるいは単に**転置**という．

例えば

$$A = \begin{pmatrix} a & b \\ c & d \end{pmatrix} \quad \text{に対して，その転置は} \quad A^T = \begin{pmatrix} a & c \\ b & d \end{pmatrix}$$

であり，また

$$B = \begin{pmatrix} 1 & 2 & 3 \\ 4 & 5 & 6 \\ 7 & 8 & 9 \end{pmatrix}$$

の転置は

$$B^T = \begin{pmatrix} 1 & 4 & 7 \\ 2 & 5 & 8 \\ 3 & 6 & 9 \end{pmatrix}$$

となる．転置と行列式について考えてみよう．2 次正方行列のときは

$$\begin{vmatrix} a & c \\ b & d \end{vmatrix} = \begin{vmatrix} a & b \\ c & d \end{vmatrix} = ad - bc$$

は明らかであろう．3 次正方行列の場合についても，定義式 (2.4.1) あるいはサラスの方法で具体的に計算することによって，転置に対して行列式は変わらないことが確かめられる．この事実は一般の n 次正方行列に対しても正しい．

命題 2.4.10　A を正方行列とするとき

$$|A^T| = |A|$$

が成り立つ.

この命題によって，命題 2.4.3 および命題 2.4.5 の主張は列に対しても成立することが直ちに従う.

命題 2.4.11　2 つの列が等しい行列の行列式は 0 である.

命題 2.4.12　次の等式が成り立つ.

$$\begin{vmatrix} a_{11} & 0 & \cdots & 0 \\ a_{21} & a_{22} & \cdots & a_{2n} \\ & \cdots & \cdots & \\ a_{n1} & a_{n2} & \cdots & a_{nn} \end{vmatrix} = a_{11} \begin{vmatrix} a_{22} & \cdots & a_{2n} \\ & \cdots & \\ a_{n2} & \cdots & a_{nn} \end{vmatrix}$$

同様に命題 2.4.10 と定理 2.4.7 を組み合わせることで，行列式の計算には列基本変形が許されることが分かる.

定理 2.4.13（行列式と列基本変形）

- 1 つの列を α 倍すると行列式も α 倍される.
- 2 つの列を入れ替えると行列式は -1 倍される.
- 1 つの列に他の列の何倍かを加えても行列式は変わらない.

例題 2.4.14

次の行列式の値を求めよ．

(1) $\begin{vmatrix} 0 & 0 & 0 & 2 \\ 0 & -3 & 0 & 4 \\ 0 & 11 & 5 & -13 \\ 1 & 9 & 4 & -5 \end{vmatrix}$　　(2) $\begin{vmatrix} 3 & 0 & 2 & 1 \\ -6 & 1 & 4 & -2 \\ 2 & 2 & 3 & 0 \\ 1 & 1 & 0 & 0 \end{vmatrix}$

【解答】　(1)　行基本変形に加えて，列基本変形もうまく施すことでさらに効率よく計算することができる．1 列目と 4 列目を入れ替えて，さらに命題 2.4.12 を繰り返し適用すれば

$$\begin{vmatrix} 0 & 0 & 0 & 2 \\ 0 & -3 & 0 & 4 \\ 0 & 11 & 5 & -13 \\ 1 & 9 & 4 & -5 \end{vmatrix} = -\begin{vmatrix} 2 & & & \\ 4 & -3 & & \\ -13 & 11 & 5 & \\ -5 & 9 & 4 & 1 \end{vmatrix} = -2 \times (-3) \times 5 \times 1 = 30$$

(2)　これについても 1 列目と 4 列目を入れ替えて

$$\begin{vmatrix} 3 & 0 & 2 & 1 \\ -6 & 1 & 4 & -2 \\ 2 & 2 & 3 & 0 \\ 1 & 1 & 0 & 0 \end{vmatrix} = -\begin{vmatrix} 1 & 0 & 2 & 3 \\ -2 & 1 & 4 & -6 \\ 0 & 2 & 3 & 2 \\ 0 & 1 & 0 & 1 \end{vmatrix}$$

2 行目に 1 行目の 2 倍を加えると，命題 2.4.5 が適用できる．

$$= -\begin{vmatrix} 1 & 0 & 2 & 3 \\ & 1 & 8 & 0 \\ & 2 & 3 & 2 \\ & 1 & 0 & 1 \end{vmatrix} = -\begin{vmatrix} 1 & 8 & 0 \\ 2 & 3 & 2 \\ 1 & 0 & 1 \end{vmatrix}$$

2 列目に 1 列目の -8 倍を加えて，命題 2.4.12 を用いると

$$= -\begin{vmatrix} 1 & & \\ 2 & -13 & 2 \\ 1 & -8 & 1 \end{vmatrix} = -\begin{vmatrix} -13 & 2 \\ -8 & 1 \end{vmatrix} = -3 \quad ★$$

問題 2.4.15　次の行列式の値を求めよ．

$$(1)\ \begin{vmatrix} 3 & 2 & 0 & 0 & 0 \\ 5 & 6 & 0 & 0 & 0 \\ -3 & 4 & 7 & 3 & 0 \\ 2 & 11 & 3 & 2 & 0 \\ 9 & -1 & -7 & 5 & 2 \end{vmatrix} \qquad (2)\ \begin{vmatrix} 9 & 5 & 6 & 3 & -1 \\ 3 & 2 & -15 & -9 & 3 \\ 3 & 7 & -7 & 1 & 2 \\ 2 & 7 & 0 & 0 & 0 \\ 1 & 5 & 0 & 0 & 0 \end{vmatrix}$$

行列式の最後の計算方法として，余因子展開と呼ばれるものがある．この方法は非常に強力であり，是非ともマスターして欲しい．以下ではそれを説明する．

命題 2.4.16　次の等式が成り立つ．

$$\begin{vmatrix} a_{11}+b_{11} & a_{12}+b_{12} & \cdots & a_{1n}+b_{1n} \\ a_{21} & a_{22} & \cdots & a_{2n} \\ & \cdots & \cdots & \\ a_{n1} & a_{n2} & \cdots & a_{nn} \end{vmatrix}$$

$$= \begin{vmatrix} a_{11} & a_{12} & \cdots & a_{1n} \\ a_{21} & a_{22} & \cdots & a_{2n} \\ & \cdots & \cdots & \\ a_{n1} & a_{n2} & \cdots & a_{nn} \end{vmatrix} + \begin{vmatrix} b_{11} & b_{12} & \cdots & b_{1n} \\ a_{21} & a_{22} & \cdots & a_{2n} \\ & \cdots & \cdots & \\ a_{n1} & a_{n2} & \cdots & a_{nn} \end{vmatrix} \tag{2.4.2}$$

少し分かりにくいので，(2.4.2) を3次正方行列の場合で書いてみると次のようになる．

$$\begin{vmatrix} a_{11}+b_{11} & a_{12}+b_{12} & a_{13}+b_{13} \\ a_{21} & a_{22} & a_{23} \\ a_{31} & a_{32} & a_{33} \end{vmatrix} = \begin{vmatrix} a_{11} & a_{12} & a_{13} \\ a_{21} & a_{22} & a_{23} \\ a_{31} & a_{32} & a_{33} \end{vmatrix} + \begin{vmatrix} b_{11} & b_{12} & b_{13} \\ a_{21} & a_{22} & a_{23} \\ a_{31} & a_{32} & a_{33} \end{vmatrix}$$

つまり1行目の各成分が和になっている場合は2つの行列式の和に分解できるというわけである．これは3次の行列式であるからサラスの方法で正しいことを確かめることができる．

さて，命題 2.4.16 が何の役に立つのかはすぐには分からないかもしれない．次のように考えてみよう．以下の計算は若干複雑に感じるかもしれないが，これまでに学んだ行列式の性質を組み合わせているだけなので，じっくりと追いかけてもらいたい．

$$\begin{vmatrix} a_{11} & a_{12} & a_{13} \\ a_{21} & a_{22} & a_{23} \\ a_{31} & a_{32} & a_{33} \end{vmatrix} = \begin{vmatrix} a_{11}+0 & 0+a_{12} & 0+a_{13} \\ a_{21} & a_{22} & a_{23} \\ a_{31} & a_{32} & a_{33} \end{vmatrix}$$

この右辺に命題 2.4.16 を適用して

$$= \begin{vmatrix} a_{11} & 0 & 0 \\ a_{21} & a_{22} & a_{23} \\ a_{31} & a_{32} & a_{33} \end{vmatrix} + \begin{vmatrix} 0 & a_{12} & a_{13} \\ a_{21} & a_{22} & a_{23} \\ a_{31} & a_{32} & a_{33} \end{vmatrix}$$

さらに第 2 項目の 1 行目の a_{12} を $a_{12}+0$，a_{13} を $0+a_{13}$ とみなして再び命題 2.4.16 を用いると

$$= \begin{vmatrix} a_{11} & 0 & 0 \\ a_{21} & a_{22} & a_{23} \\ a_{31} & a_{32} & a_{33} \end{vmatrix} + \begin{vmatrix} 0 & a_{12} & 0 \\ a_{21} & a_{22} & a_{23} \\ a_{31} & a_{32} & a_{33} \end{vmatrix} + \begin{vmatrix} 0 & 0 & a_{13} \\ a_{21} & a_{22} & a_{23} \\ a_{31} & a_{32} & a_{33} \end{vmatrix}$$

次に第 2 項目の 1 列目と 2 列目を交換する．また，第 3 項目の 2 列目と 3 列目を交換してから 1 列目と 2 列目を交換すると（符号に注意）

$$= \begin{vmatrix} a_{11} & 0 & 0 \\ a_{21} & a_{22} & a_{23} \\ a_{31} & a_{32} & a_{33} \end{vmatrix} - \begin{vmatrix} a_{12} & 0 & 0 \\ a_{22} & a_{21} & a_{23} \\ a_{32} & a_{31} & a_{33} \end{vmatrix} + \begin{vmatrix} a_{13} & 0 & 0 \\ a_{23} & a_{21} & a_{22} \\ a_{33} & a_{31} & a_{32} \end{vmatrix}$$

各項に命題 2.4.12 が適用できる形になっているので

$$= a_{11} \begin{vmatrix} a_{22} & a_{23} \\ a_{32} & a_{33} \end{vmatrix} - a_{12} \begin{vmatrix} a_{21} & a_{23} \\ a_{31} & a_{33} \end{vmatrix} + a_{13} \begin{vmatrix} a_{21} & a_{22} \\ a_{31} & a_{32} \end{vmatrix}$$

と，1 つサイズの小さい 2 次の行列式 3 つの和に分解できた．今の計算結果をもう一度書いておく．

$$\begin{vmatrix} a_{11} & a_{12} & a_{13} \\ a_{21} & a_{22} & a_{23} \\ a_{31} & a_{32} & a_{33} \end{vmatrix} = a_{11} \begin{vmatrix} a_{22} & a_{23} \\ a_{32} & a_{33} \end{vmatrix} - a_{12} \begin{vmatrix} a_{21} & a_{23} \\ a_{31} & a_{33} \end{vmatrix} + a_{13} \begin{vmatrix} a_{21} & a_{22} \\ a_{31} & a_{32} \end{vmatrix} \tag{2.4.3}$$

これを 1 行目に関する**余因子展開**，または簡単に 1 行目に関する**展開**と呼ぶ．規則性が分かるであろうか．まず (2.4.3) の右辺第 1 項目は，a_{11} を前に出して，元の行列の 1 行目と 1 列目を除いた 2 次の行列式（下記の網掛け部分）との積になっている．

$$\begin{vmatrix} a_{11} & a_{12} & a_{13} \\ a_{21} & a_{22} & a_{23} \\ a_{31} & a_{32} & a_{33} \end{vmatrix}$$

右辺第 2 項目は，a_{12} を前に出して，元の行列の 1 行目と 2 列目を除いた行列式（下記の網掛け部分）との積である．

$$\begin{vmatrix} a_{11} & a_{12} & a_{13} \\ a_{21} & a_{22} & a_{23} \\ a_{31} & a_{32} & a_{33} \end{vmatrix}$$

右辺第 3 項目は，a_{13} を前に出して，元の行列の 1 行目と 3 列目を除いた行列式（下記の網掛け部分）との積である．

$$\begin{vmatrix} a_{11} & a_{12} & a_{13} \\ a_{21} & a_{22} & a_{23} \\ a_{31} & a_{32} & a_{33} \end{vmatrix}$$

符号はどのようになっているのかというと，くくり出した a_{jk} の添字の和 $j+k$ が偶数の場合は正，奇数の場合は負になると理解すればよい．実際 a_{11} に付く符号は $1+1=2$ で偶数なので正，a_{12} に付く符号は $1+2=3$ で奇数なので負となる．最後に a_{13} の前の符号は $1+3=4$ で偶数なので正となる．

例題 2.4.17

1行目に関する余因子展開を用いて次の行列式の値を求めよ．

(1) $\begin{vmatrix} 2 & 3 & 2 \\ 4 & 1 & 5 \\ 3 & 3 & 4 \end{vmatrix}$　(2) $\begin{vmatrix} -4 & -5 & 3 \\ -2 & 0 & 4 \\ 4 & 8 & -5 \end{vmatrix}$

【解答】　(1)　(2.4.3) を見ながら1行目を展開すると

$$\begin{vmatrix} 2 & 3 & 2 \\ 4 & 1 & 5 \\ 3 & 3 & 4 \end{vmatrix} = 2\begin{vmatrix} 1 & 5 \\ 3 & 4 \end{vmatrix} - 3\begin{vmatrix} 4 & 5 \\ 3 & 4 \end{vmatrix} + 2\begin{vmatrix} 4 & 1 \\ 3 & 3 \end{vmatrix} = -7$$

(2)　同じく1行目を展開して

$$\begin{vmatrix} -4 & -5 & 3 \\ -2 & 0 & 4 \\ 4 & 8 & -5 \end{vmatrix} = -4\begin{vmatrix} 0 & 4 \\ 8 & -5 \end{vmatrix} - (-5)\begin{vmatrix} -2 & 4 \\ 4 & -5 \end{vmatrix} + 3\begin{vmatrix} -2 & 0 \\ 4 & 8 \end{vmatrix} = 50$$ ★

それでは2行目，あるいは3行目で余因子展開したい場合はどのようにすればよいのであろうか．ここまで学んできた皆さんならすぐにお分かりであろう．例えば2行目の場合なら，まず1行目と2行目を入れ替える．

$$\begin{vmatrix} a_{11} & a_{12} & a_{13} \\ a_{21} & a_{22} & a_{23} \\ a_{31} & a_{32} & a_{33} \end{vmatrix} = -\begin{vmatrix} a_{21} & a_{22} & a_{23} \\ a_{11} & a_{12} & a_{13} \\ a_{31} & a_{32} & a_{33} \end{vmatrix}$$

改めてこの右辺の行列式を1行目で展開すれば，もちろんそれが2行目に関する余因子展開となる．結果を書くと

$$\begin{vmatrix} a_{11} & a_{12} & a_{13} \\ a_{21} & a_{22} & a_{23} \\ a_{31} & a_{32} & a_{33} \end{vmatrix} = -a_{21}\begin{vmatrix} a_{12} & a_{13} \\ a_{32} & a_{33} \end{vmatrix} + a_{22}\begin{vmatrix} a_{11} & a_{13} \\ a_{31} & a_{33} \end{vmatrix} - a_{23}\begin{vmatrix} a_{11} & a_{12} \\ a_{31} & a_{32} \end{vmatrix} \tag{2.4.4}$$

規則性についても1行目に関する余因子展開とまったく同じことが言える．第1項目は a_{21} が前に出て，その符号は $2+1=3$ が奇数なので負である．現れる2行2列の行列式は，元の行列式の2行目と1列目を除いたもの（下記の網

掛け部分）となっている．

$$\begin{vmatrix} a_{11} & a_{12} & a_{13} \\ a_{21} & a_{22} & a_{23} \\ a_{31} & a_{32} & a_{33} \end{vmatrix}$$

第2項目は a_{22} が前に出る．符号は $2+2=4$ と偶数なので正である．2行2列の行列式は，元の行列式の2行目と2列目を除いたもの（下記の網掛け部分）である．

$$\begin{vmatrix} a_{11} & a_{12} & a_{13} \\ a_{21} & a_{22} & a_{23} \\ a_{31} & a_{32} & a_{33} \end{vmatrix}$$

第3項目は a_{23} が前に出る．符号は $2+3=5$ と奇数なので負となる．2次の行列式は，元の行列式の2行目と3列目を除いたもの（下記の網掛け部分）である．

$$\begin{vmatrix} a_{11} & a_{12} & a_{13} \\ a_{21} & a_{22} & a_{23} \\ a_{31} & a_{32} & a_{33} \end{vmatrix}$$

例題 2.4.18

2行目に関する余因子展開を用いて次の行列式の値を求めよ．

(1) $\begin{vmatrix} 2 & 3 & 2 \\ 4 & 1 & 5 \\ 3 & 3 & 4 \end{vmatrix}$　　(2) $\begin{vmatrix} -4 & -5 & 3 \\ -2 & 0 & 4 \\ 4 & 8 & -5 \end{vmatrix}$

【解答】　(1)　いずれの行列式も例題2.4.17と同じであるから結果は既知である．(2.4.4) を見ながら2行目を展開する．

$$\begin{vmatrix} 2 & 3 & 2 \\ 4 & 1 & 5 \\ 3 & 3 & 4 \end{vmatrix} = -4\begin{vmatrix} 3 & 2 \\ 3 & 4 \end{vmatrix} + \begin{vmatrix} 2 & 2 \\ 3 & 4 \end{vmatrix} - 5\begin{vmatrix} 2 & 3 \\ 3 & 3 \end{vmatrix} = -7$$

(2) 2 行目で展開すると，真ん中の成分が 0 であるので第 2 項目は計算する必要がない．

$$\begin{vmatrix} -4 & -5 & 3 \\ -2 & 0 & 4 \\ 4 & 8 & -5 \end{vmatrix} = -(-2)\begin{vmatrix} -5 & 3 \\ 8 & -5 \end{vmatrix} - 4\begin{vmatrix} -4 & -5 \\ 4 & 8 \end{vmatrix} = 50 \quad \bigstar$$

例題 2.4.19

$$\begin{vmatrix} a_{11} & a_{12} & a_{13} \\ a_{21} & a_{22} & a_{23} \\ a_{31} & a_{32} & a_{33} \end{vmatrix}$$

の 3 行目に関する余因子展開を書け．

【解答】 規則性を理解していればすぐに結果を書き下すこともできるであろう．きちんと計算するには，3 行目を 1 行目に持ってきて 1 行目に関する余因子展開を実行すればよい．しかし，いきなり 1 行目と 3 行目を交換してしまうのではなく，まずは 2 行目と 3 行目を交換して次に 1 行目と 2 行目を交換してからの方が見通しがよい．今の操作によって

$$\begin{vmatrix} a_{11} & a_{12} & a_{13} \\ a_{21} & a_{22} & a_{23} \\ a_{31} & a_{32} & a_{33} \end{vmatrix} = \begin{vmatrix} a_{31} & a_{32} & a_{33} \\ a_{11} & a_{12} & a_{13} \\ a_{21} & a_{22} & a_{23} \end{vmatrix}$$

が得られる．あとは右辺に 1 行目に関する展開を実行すればよい．

$$= a_{31}\begin{vmatrix} a_{12} & a_{13} \\ a_{22} & a_{23} \end{vmatrix} - a_{32}\begin{vmatrix} a_{11} & a_{13} \\ a_{21} & a_{23} \end{vmatrix} + a_{33}\begin{vmatrix} a_{11} & a_{12} \\ a_{21} & a_{22} \end{vmatrix} \quad \bigstar$$

問題 **2.4.20** 行についての余因子展開を用いて次の行列式の値を求めよ．

(1) $\begin{vmatrix} 5 & 2 & -2 \\ 4 & 3 & 7 \\ -1 & 2 & 3 \end{vmatrix}$ (2) $\begin{vmatrix} -\frac{2}{3} & 2 & -1 \\ 0 & 1 & \frac{1}{2} \\ \frac{1}{2} & -3 & \frac{1}{3} \end{vmatrix}$

さらに命題2.4.10を思い出そう．これらの各行に関する余因子展開は，そのまま列に関しても適用できることになる．例えば1列目に関しての展開は，まず転置を考える．

$$\begin{vmatrix} a_{11} & a_{12} & a_{13} \\ a_{21} & a_{22} & a_{23} \\ a_{31} & a_{32} & a_{33} \end{vmatrix} = \begin{vmatrix} a_{11} & a_{21} & a_{31} \\ a_{12} & a_{22} & a_{32} \\ a_{13} & a_{23} & a_{33} \end{vmatrix}$$

これを1行目で展開して

$$= a_{11}\begin{vmatrix} a_{22} & a_{32} \\ a_{23} & a_{33} \end{vmatrix} - a_{21}\begin{vmatrix} a_{12} & a_{32} \\ a_{13} & a_{33} \end{vmatrix} + a_{31}\begin{vmatrix} a_{12} & a_{22} \\ a_{13} & a_{23} \end{vmatrix}$$

これまでの規則性との整合を考慮すると，各2次の行列式は転置しておいた方が分かりやすい．

$$= a_{11}\begin{vmatrix} a_{22} & a_{23} \\ a_{32} & a_{33} \end{vmatrix} - a_{21}\begin{vmatrix} a_{12} & a_{13} \\ a_{32} & a_{33} \end{vmatrix} + a_{31}\begin{vmatrix} a_{12} & a_{13} \\ a_{22} & a_{23} \end{vmatrix}$$

つまり a_{11} の直後は元の行列式から1行目と1列目を除いたもの，a_{21} の直後は2行目と1列目を除いたもの，a_{31} の直後は3行目と1列目を除いたものである．

例題 2.4.21

$$\begin{vmatrix} a_{11} & a_{12} & a_{13} \\ a_{21} & a_{22} & a_{23} \\ a_{31} & a_{32} & a_{33} \end{vmatrix}$$

の2列目および3列目に関する余因子展開を書け．

【解答】 転置した後，行に関する余因子展開を考えればよいだけであるから結果のみ書いておく．2列目に関する展開は

$$\begin{vmatrix} a_{11} & a_{12} & a_{13} \\ a_{21} & a_{22} & a_{23} \\ a_{31} & a_{32} & a_{33} \end{vmatrix} = -a_{12}\begin{vmatrix} a_{21} & a_{23} \\ a_{31} & a_{33} \end{vmatrix} + a_{22}\begin{vmatrix} a_{11} & a_{13} \\ a_{31} & a_{33} \end{vmatrix} - a_{32}\begin{vmatrix} a_{11} & a_{13} \\ a_{21} & a_{23} \end{vmatrix} \tag{2.4.5}$$

3 列目に関する展開は

$$\begin{vmatrix} a_{11} & a_{12} & a_{13} \\ a_{21} & a_{22} & a_{23} \\ a_{31} & a_{32} & a_{33} \end{vmatrix} = a_{13}\begin{vmatrix} a_{21} & a_{22} \\ a_{31} & a_{32} \end{vmatrix} - a_{23}\begin{vmatrix} a_{11} & a_{12} \\ a_{31} & a_{32} \end{vmatrix} + a_{33}\begin{vmatrix} a_{11} & a_{12} \\ a_{21} & a_{22} \end{vmatrix} \quad \bigstar$$

例題 2.4.22

列についての余因子展開を用いて次の行列式の値を求めよ．

(1) $\begin{vmatrix} 2 & 3 & 2 \\ 4 & 1 & 5 \\ 3 & 3 & 4 \end{vmatrix}$　　(2) $\begin{vmatrix} -4 & -5 & 3 \\ -2 & 0 & 4 \\ 4 & 8 & -5 \end{vmatrix}$

【解答】　(1)　いずれも再び例題 2.4.17 と同じ行列式である．何列目で展開してもよいのであるが，基本変形と組み合わせてみよう．2 行目に 1 行目の -2 倍を加えることで

$$\begin{vmatrix} 2 & 3 & 2 \\ 4 & 1 & 5 \\ 3 & 3 & 4 \end{vmatrix} = \begin{vmatrix} 2 & 3 & 2 \\ & -5 & 1 \\ 3 & 3 & 4 \end{vmatrix}$$

1 行 2 列目の成分が 0 となり計算が簡単になった．ここで 1 列目で展開する．

$$= 2\begin{vmatrix} -5 & 1 \\ 3 & 4 \end{vmatrix} + 3\begin{vmatrix} 3 & 2 \\ -5 & 1 \end{vmatrix} = -7$$

(2)　2 行 2 列目がはじめから 0 であるから 2 行目あるいは 2 列目の展開を用いるのが普通だが，やはり基本変形を用いることでさらに簡単にできる．1 行目に 2 行目の -2 倍を，3 行目に 2 行目の 2 倍をそれぞれ加えると

$$\begin{vmatrix} -4 & -5 & 3 \\ -2 & 0 & 4 \\ 4 & 8 & -5 \end{vmatrix} = \begin{vmatrix} & -5 & -5 \\ -2 & 0 & 4 \\ & 8 & 3 \end{vmatrix}$$

2 列目ではなく 1 列目で展開すると直ちに値が得られる．

$$= -(-2)\begin{vmatrix} -5 & -5 \\ 8 & 3 \end{vmatrix} = 50 \quad \bigstar$$

例題 2.4.18 や例題 2.4.22 の解答からも明らかなように 0 を含んだ行や列に関して余因子展開すると展開の項数が減り計算が簡単になった．行と列の展開を組み合わせるだけでなく，例題 2.4.22 のように基本変形も織り交ぜることでさらに効率的な計算を目指そう．

問題 2.4.23　余因子展開を用いて次の行列式の値を求めよ．

(1) $\begin{vmatrix} -4 & 9 & 0 \\ 5 & -6 & 7 \\ 0 & 4 & -11 \end{vmatrix}$　(2) $\begin{vmatrix} 3 & \frac{1}{2} & -\frac{1}{4} \\ \frac{1}{2} & -4 & \frac{1}{3} \\ -\frac{1}{4} & \frac{1}{3} & 2 \end{vmatrix}$

(3) $\begin{vmatrix} x & -5 & 4 \\ 2 & y & 7 \\ 1 & -6 & z \end{vmatrix}$　(4) $\begin{vmatrix} z^2 & x+y & 1 \\ x^2 & y+z & 1 \\ y^2 & z+x & 1 \end{vmatrix}$

例題 2.4.24

余因子展開を用いて次の行列式の値を求めよ．

$$\begin{vmatrix} -5 & 1 & -3 & 4 \\ 1 & -2 & 5 & 3 \\ 8 & 3 & -7 & -1 \\ 5 & -4 & 12 & 2 \end{vmatrix}$$

【解答】　4 次の行列式であるが，余因子展開の規則は 3 次の場合と同じである．先ほど述べたように，基本変形を利用して 0 を作ってから展開を実行した方が計算は幾分か楽になる．3 列目に 2 列目の 3 倍を加えると

$$\begin{vmatrix} -5 & 1 & -3 & 4 \\ 1 & -2 & 5 & 3 \\ 8 & 3 & -7 & -1 \\ 5 & -4 & 12 & 2 \end{vmatrix} = \begin{vmatrix} -5 & 1 & 0 & 4 \\ 1 & -2 & -1 & 3 \\ 8 & 3 & 2 & -1 \\ 5 & -4 & 0 & 2 \end{vmatrix}$$

ここで 3 列目に余因子展開を施す．

$$= -(-1)\begin{vmatrix} -5 & 1 & 4 \\ 8 & 3 & -1 \\ 5 & -4 & 2 \end{vmatrix} + 2\begin{vmatrix} -5 & 1 & 4 \\ 1 & -2 & 3 \\ 5 & -4 & 2 \end{vmatrix}$$

第 1 項目の -1 は 2 行 3 列目の成分なので $2+3=5$ は奇数．よって付ける符号は負である．3 次の行列式は元の 4 次の行列式から 2 行目および 3 列目を除いたものとなる．第 2 項目の 2 は 3 行 3 列目の成分なので $3+3=6$ は偶数で正．3 次の行列式は元の 4 次の行列式から 3 行目と 3 列目を除いたものである．それぞれの 3 次の行列式を計算しよう．まず 1 項目であるが，1 行目に 3 行目の 1 倍を加えることで

$$\begin{vmatrix} -5 & 1 & 4 \\ 8 & 3 & -1 \\ 5 & -4 & 2 \end{vmatrix} = \begin{vmatrix} & -3 & 6 \\ 8 & 3 & -1 \\ 5 & -4 & 2 \end{vmatrix}$$

1 行目の展開によって

$$= -(-3)\begin{vmatrix} 8 & -1 \\ 5 & 2 \end{vmatrix} + 6\begin{vmatrix} 8 & 3 \\ 5 & -4 \end{vmatrix} = -219$$

2 項目の 3 次行列式も同様に 1 行目に 3 行目の 1 倍を加えて

$$\begin{vmatrix} -5 & 1 & 4 \\ 1 & -2 & 3 \\ 5 & -4 & 2 \end{vmatrix} = \begin{vmatrix} & -3 & 6 \\ 1 & -2 & 3 \\ 5 & -4 & 2 \end{vmatrix}$$

今度は 1 列目で展開してみると

$$= -\begin{vmatrix} -3 & 6 \\ -4 & 2 \end{vmatrix} + 5\begin{vmatrix} -3 & 6 \\ -2 & 3 \end{vmatrix} = -3$$

以上により求める行列式の値は

$$\begin{vmatrix} -5 & 1 & -3 & 4 \\ 1 & -2 & 5 & 3 \\ 8 & 3 & -7 & -1 \\ 5 & -4 & 12 & 2 \end{vmatrix} = -225 \quad \bigstar$$

問題 2.4.25　余因子展開を用いて次の行列式の値を求めよ．

(1) $\begin{vmatrix} 2 & -1 & 11 & 0 \\ 1 & 9 & -2 & -2 \\ -2 & 6 & -3 & 13 \\ 0 & -2 & -1 & 2 \end{vmatrix}$　　(2) $\begin{vmatrix} \frac{1}{2} & \frac{1}{3} & 1 & -2 \\ 2 & \frac{1}{2} & 2 & -1 \\ -1 & 1 & \frac{1}{3} & 3 \\ 1 & \frac{1}{2} & -1 & -\frac{1}{2} \end{vmatrix}$

例題 2.4.26

次の行列式の値を求めよ．

$$\begin{vmatrix} 3 & -3 & 1 & 2 & 0 \\ -1 & 0 & -4 & 1 & 2 \\ 1 & 2 & 3 & 2 & -3 \\ 2 & 0 & 1 & -1 & 3 \\ 4 & -2 & -2 & -1 & -2 \end{vmatrix}$$

【解答】　5 次の行列式であるが，基本変形と余因子展開を駆使すればそれほど大変ではない．1 行目に 3 行目の $\frac{3}{2}$ 倍を 5 行目に 3 行目の 1 倍をそれぞれ加えて

$$\begin{vmatrix} 3 & -3 & 1 & 2 & 0 \\ -1 & 0 & -4 & 1 & 2 \\ 1 & 2 & 3 & 2 & -3 \\ 2 & 0 & 1 & -1 & 3 \\ 4 & -2 & -2 & -1 & -2 \end{vmatrix} = \begin{vmatrix} \frac{9}{2} & & \frac{11}{2} & 5 & -\frac{9}{2} \\ -1 & & -4 & 1 & 2 \\ 1 & 2 & 3 & 2 & -3 \\ 2 & & 1 & -1 & 3 \\ 5 & & 1 & 1 & -5 \end{vmatrix}$$

ここで 2 列目の展開を実行する．

$$= -2\begin{vmatrix} \frac{9}{2} & \frac{11}{2} & 5 & -\frac{9}{2} \\ -1 & -4 & 1 & 2 \\ 2 & 1 & -1 & 3 \\ 5 & 1 & 1 & -5 \end{vmatrix}$$

1 行目を -2 倍して

$$= \begin{vmatrix} -9 & -11 & -10 & 9 \\ -1 & -4 & 1 & 2 \\ 2 & 1 & -1 & 3 \\ 5 & 1 & 1 & -5 \end{vmatrix}$$

4 列目に 1 列目の 1 倍を加えて

$$= \begin{vmatrix} -9 & -11 & -10 & \\ -1 & -4 & 1 & 1 \\ 2 & 1 & -1 & 5 \\ 5 & 1 & 1 & \end{vmatrix}$$

3 行目に 2 行目の -5 倍を加えて

$$
= \begin{vmatrix} -9 & -11 & -10 & \\ -1 & -4 & 1 & 1 \\ 7 & 21 & -6 & \\ 5 & 1 & 1 & \end{vmatrix}
$$

4 列目で展開しよう．

$$
= \begin{vmatrix} -9 & -11 & -10 \\ 7 & 21 & -6 \\ 5 & 1 & 1 \end{vmatrix}
$$

1 列目に 3 列目の -5 倍を 2 列目に 3 列目の -1 倍をそれぞれ加えて

$$
= \begin{vmatrix} 41 & -1 & -10 \\ 37 & 27 & -6 \\ & & 1 \end{vmatrix}
$$

3 行目の展開によって

$$
= \begin{vmatrix} 41 & -1 \\ 37 & 27 \end{vmatrix} = 1144
$$

と計算できた．今の解法で何回か行った 1 項のみからなる展開，すなわちサイズが 1 つ小さくなるだけの展開は便利でありよく用いられる．★

問題 2.4.27　次の行列式の値を求めよ．

$$
\begin{vmatrix} -2 & 1 & 9 & 2 & 1 \\ 4 & 2 & 1 & 1 & -4 \\ -1 & 3 & -2 & 1 & -3 \\ -3 & 2 & -1 & 6 & -1 \\ 2 & -1 & 8 & 2 & -1 \end{vmatrix}
$$

さて，本節の最後に，余因子展開の応用として，3 次正方行列の逆行列の公式を与えよう．なお，以下での議論は 3 次正方行列に限らず一般の n 次正方行列でも成り立つが，簡単のため 3 次正方行列で話を進めることにする．

余因子　3次正方行列 A をいつものように

$$A = \begin{pmatrix} a_{11} & a_{12} & a_{13} \\ a_{21} & a_{22} & a_{23} \\ a_{31} & a_{32} & a_{33} \end{pmatrix}$$

としておく．添字 $j, k = 1, 2, 3$ に対して

$$\widetilde{a}_{jk} = (-1)^{j+k} \left| A_{jk} \right|$$

を成分 a_{jk} の**余因子**という．ただし，A_{jk} は3次正方行列 A の第 j 行目と第 k 列目を取り除いた2次正方行列である．

$\widetilde{a}_{11}$ はどうなるかというと，A_{11} が A から1行目と1列目を取り除いた2次正方行列であるから

$$\widetilde{a}_{11} = (-1)^2 \left| A_{11} \right| = \begin{vmatrix} a_{22} & a_{23} \\ a_{32} & a_{33} \end{vmatrix}$$

となる．同様に $\widetilde{a}_{12}$ は

$$\widetilde{a}_{12} = (-1)^3 \left| A_{12} \right| = -\begin{vmatrix} a_{21} & a_{23} \\ a_{31} & a_{33} \end{vmatrix}$$

である．さらに $\widetilde{a}_{13}$ は

$$\widetilde{a}_{13} = (-1)^4 \left| A_{13} \right| = \begin{vmatrix} a_{21} & a_{22} \\ a_{31} & a_{32} \end{vmatrix}$$

である．勘の良い読者は気づいたであろう．実は今の余因子 $\widetilde{a}_{11}$, $\widetilde{a}_{12}$ および $\widetilde{a}_{13}$ を用いれば，$\left| A \right|$ の第1行目に関する余因子展開は次のように非常に簡単に書くことができる．(2.4.3) と見比べて頂きたい．

$$\begin{vmatrix} a_{11} & a_{12} & a_{13} \\ a_{21} & a_{22} & a_{23} \\ a_{31} & a_{32} & a_{33} \end{vmatrix} = a_{11}\widetilde{a}_{11} + a_{12}\widetilde{a}_{12} + a_{13}\widetilde{a}_{13}$$

これは1行目の展開に限ったものではなく，どの行あるいはどの列に関しても同様である．例えば2列目の展開は

$$\begin{vmatrix} a_{11} & a_{12} & a_{13} \\ a_{21} & a_{22} & a_{23} \\ a_{31} & a_{32} & a_{33} \end{vmatrix} = a_{12}\widetilde{a}_{12} + a_{22}\widetilde{a}_{22} + a_{32}\widetilde{a}_{32}$$

これも (2.4.5) と見比べれば正しいことがすぐに分かる．余因子展開という名前はこの余因子の定義に由来する．順序が前後することになるが，3 次正方行列の余因子展開を余因子を用いた形で定理として述べておこう．

定理 2.4.28　3 次正方行列

$$A = \begin{pmatrix} a_{11} & a_{12} & a_{13} \\ a_{21} & a_{22} & a_{23} \\ a_{31} & a_{32} & a_{33} \end{pmatrix}$$

について，その行列式 $|A|$ の第 j 行（$j = 1, 2, 3$）に関する余因子展開は，余因子を用いて次のように表せる．

$$|A| = a_{j1}\widetilde{a}_{j1} + a_{j2}\widetilde{a}_{j2} + a_{j3}\widetilde{a}_{j3}$$

同様に，第 k 列（$k = 1, 2, 3$）に関する余因子展開は

$$|A| = a_{1k}\widetilde{a}_{1k} + a_{2k}\widetilde{a}_{2k} + a_{3k}\widetilde{a}_{3k}$$

と表せる．

例題 2.4.29

次の行列の各余因子をすべて求めよ．

$$A = \begin{pmatrix} 3 & 4 & 7 \\ -1 & 2 & -3 \\ 2 & 5 & 9 \end{pmatrix}$$

【解答】　行列 A の各成分に対応する余因子を $\widetilde{a}_{jk}$ と書く．

$$\widetilde{a}_{11} = |A_{11}| = \begin{vmatrix} 2 & -3 \\ 5 & 9 \end{vmatrix} = 33, \qquad \widetilde{a}_{12} = -|A_{12}| = -\begin{vmatrix} -1 & -3 \\ 2 & 9 \end{vmatrix} = 3,$$

$$\widetilde{a}_{13} = |A_{13}| = \begin{vmatrix} -1 & 2 \\ 2 & 5 \end{vmatrix} = -9, \quad \widetilde{a}_{21} = -|A_{21}| = -\begin{vmatrix} 4 & 7 \\ 5 & 9 \end{vmatrix} = -1,$$

$$\widetilde{a}_{22} = |A_{22}| = \begin{vmatrix} 3 & 7 \\ 2 & 9 \end{vmatrix} = 13, \quad \widetilde{a}_{23} = -|A_{23}| = -\begin{vmatrix} 3 & 4 \\ 2 & 5 \end{vmatrix} = -7,$$

$$\widetilde{a}_{31} = |A_{31}| = \begin{vmatrix} 4 & 7 \\ 2 & -3 \end{vmatrix} = -26, \quad \widetilde{a}_{32} = -|A_{32}| = -\begin{vmatrix} 3 & 7 \\ -1 & -3 \end{vmatrix} = 2,$$

$$\widetilde{a}_{33} = |A_{33}| = \begin{vmatrix} 3 & 4 \\ -1 & 2 \end{vmatrix} = 10$$ ★

問題 2.4.30　次の行列の各余因子をすべて求めよ.

$$A = \begin{pmatrix} 2 & 0 & 3 \\ 3 & 1 & 0 \\ 5 & 6 & 7 \end{pmatrix}, \quad B = \begin{pmatrix} -4 & 1 & \frac{2}{3} \\ \frac{1}{4} & -1 & 2 \\ -3 & \frac{3}{2} & -2 \end{pmatrix}$$

<u>余因子行列</u>　3次正方行列

$$A = \begin{pmatrix} a_{11} & a_{12} & a_{13} \\ a_{21} & a_{22} & a_{23} \\ a_{31} & a_{32} & a_{33} \end{pmatrix}$$

に対して

$$\widetilde{A} = \begin{pmatrix} \widetilde{a}_{11} & \widetilde{a}_{12} & \widetilde{a}_{13} \\ \widetilde{a}_{21} & \widetilde{a}_{22} & \widetilde{a}_{23} \\ \widetilde{a}_{31} & \widetilde{a}_{32} & \widetilde{a}_{33} \end{pmatrix}^T = \begin{pmatrix} \widetilde{a}_{11} & \widetilde{a}_{21} & \widetilde{a}_{31} \\ \widetilde{a}_{12} & \widetilde{a}_{22} & \widetilde{a}_{32} \\ \widetilde{a}_{13} & \widetilde{a}_{23} & \widetilde{a}_{33} \end{pmatrix}$$

を A の**余因子行列**という（転置に注意）.

余因子行列が定義されれば，3次正方行列の逆行列の公式はもうすぐである．実際の公式を与える前に次の例題を計算してもらいたい.

例題 2.4.31

$$A = \begin{pmatrix} 3 & 4 & 7 \\ -1 & 2 & -3 \\ 2 & 5 & 9 \end{pmatrix}$$

について，行列式 $|A|$ を計算せよ．さらに A とその余因子行列 $\widetilde{A}$ との積 $A\widetilde{A}$ および $\widetilde{A}A$ を計算せよ．

【解答】　この行列 A は例題 2.4.29 と同じものである．例題 2.4.29 の結果と定理 2.4.28 を用いれば $|A| = 48$ がすぐに分かる．一方，A の余因子行列は，再び例題 2.4.29 の結果により

$$\widetilde{A} = \begin{pmatrix} 33 & 3 & -9 \\ -1 & 13 & -7 \\ -26 & 2 & 10 \end{pmatrix}^T = \begin{pmatrix} 33 & -1 & -26 \\ 3 & 13 & 2 \\ -9 & -7 & 10 \end{pmatrix}$$

である．よって $A\widetilde{A}$ および $\widetilde{A}A$ を実際に計算してみると

$$A\widetilde{A} = \widetilde{A}A = \begin{pmatrix} 48 & & \\ & 48 & \\ & & 48 \end{pmatrix} = |A|E_3 \tag{2.4.6}$$

となる．★

この例題が示唆するように，3 次正方行列の逆行列の公式は次のように与えられる．

定理 2.4.32　3 次の正則行列

$$A = \begin{pmatrix} a_{11} & a_{12} & a_{13} \\ a_{21} & a_{22} & a_{23} \\ a_{31} & a_{32} & a_{33} \end{pmatrix}$$

の逆行列は次で与えられる.

$$A^{-1} = \frac{\widetilde{A}}{|A|} = \frac{1}{|A|}\begin{pmatrix} \widetilde{a}_{11} & \widetilde{a}_{21} & \widetilde{a}_{31} \\ \widetilde{a}_{12} & \widetilde{a}_{22} & \widetilde{a}_{32} \\ \widetilde{a}_{13} & \widetilde{a}_{23} & \widetilde{a}_{33} \end{pmatrix} \tag{2.4.7}$$

公式 (2.4.7) から, A が正則行列であるための必要十分条件が

$$|A| \neq 0$$

であることは明らかであろう. これももちろん一般に n 次の正方行列 A でも成り立つ事実であり, 命題 1.3.1 の一般化となっている. さらに定理 2.3.1 と合わせると以下の 3 つはいずれも同値であることが従う.

- A が正則
- $\operatorname{rank} A = n$
- $|A| \neq 0$

一方, (2.4.6) に対応する関係式

$$A\widetilde{A} = \widetilde{A}A = |A|E_n \tag{2.4.8}$$

は A が正則でなくとも成立する. A が正則行列でない場合は, $|A| = 0$ なので (2.4.8) の右辺はゼロ行列である. 実際

$$A = \begin{pmatrix} 1 & 2 & 3 \\ 4 & 5 & 6 \\ 7 & 8 & 9 \end{pmatrix}$$

は正則ではない (問題 2.4.2). この A に対する余因子行列を計算すると

$$\widetilde{A} = \begin{pmatrix} -3 & 6 & -3 \\ 6 & -12 & 6 \\ -3 & 6 & -3 \end{pmatrix}$$

となり

$$A\widetilde{A} = \widetilde{A}A = O_3$$

である. 各自確かめられたい.

ここまで 3 次正方行列で話を進めてきたが，2 次正方行列

$$A = \begin{pmatrix} a_{11} & a_{12} \\ a_{21} & a_{22} \end{pmatrix}$$

の余因子行列を考えてみよう．1 行 1 列の行列はもはや行列ではなく数であり，その行列式はその数そのものと思ってよい．

$$\widetilde{a}_{11} = \left|A_{11}\right| = a_{22}, \qquad \widetilde{a}_{12} = -\left|A_{12}\right| = -a_{21},$$
$$\widetilde{a}_{21} = -\left|A_{21}\right| = -a_{21}, \quad \widetilde{a}_{22} = \left|A_{22}\right| = a_{22}$$

よって以下のように余因子行列が得られた．

$$\widetilde{A} = \begin{pmatrix} \widetilde{a}_{11} & \widetilde{a}_{12} \\ \widetilde{a}_{21} & \widetilde{a}_{22} \end{pmatrix}^T = \begin{pmatrix} a_{22} & -a_{12} \\ -a_{21} & a_{11} \end{pmatrix}$$

公式 (2.4.7) によれば A の逆行列は

$$A^{-1} = \frac{\widetilde{A}}{|A|} = \frac{1}{|A|}\begin{pmatrix} a_{22} & -a_{12} \\ -a_{21} & a_{11} \end{pmatrix}$$

である．これは 2 次正方行列の逆行列の公式 (1.3.1) に他ならない．

例題 2.4.33

3 次正方行列の逆行列の公式を用いて次の行列 A の逆行列を求めよ．

$$A = \begin{pmatrix} 6 & -3 & 1 \\ -2 & 2 & -2 \\ 3 & -1 & 1 \end{pmatrix}$$

【解答】　行列 A の各成分に対応する余因子を $\widetilde{a}_{jk}$ と書く．

$$\widetilde{a}_{11} = \left|A_{11}\right| = \begin{vmatrix} 2 & -2 \\ -1 & 1 \end{vmatrix} = 0, \qquad \widetilde{a}_{12} = -\left|A_{12}\right| = -\begin{vmatrix} -2 & -2 \\ 3 & 1 \end{vmatrix} = -4,$$

$$\widetilde{a}_{13} = \left|A_{13}\right| = \begin{vmatrix} -2 & 2 \\ 3 & -1 \end{vmatrix} = -4, \quad \widetilde{a}_{21} = -\left|A_{21}\right| = -\begin{vmatrix} -3 & 1 \\ -1 & 1 \end{vmatrix} = 2,$$

$$\widetilde{a}_{22} = \left|A_{22}\right| = \begin{vmatrix} 6 & 1 \\ 3 & 1 \end{vmatrix} = 3, \qquad \widetilde{a}_{23} = -\left|A_{23}\right| = -\begin{vmatrix} 6 & -3 \\ 3 & -1 \end{vmatrix} = -3,$$

$$\widetilde{a}_{31} = |A_{31}| = \begin{vmatrix} -3 & 1 \\ 2 & -2 \end{vmatrix} = 4, \qquad \widetilde{a}_{32} = -|A_{32}| = -\begin{vmatrix} 6 & 1 \\ -2 & -2 \end{vmatrix} = 10,$$

$$\widetilde{a}_{33} = |A_{33}| = \begin{vmatrix} 6 & -3 \\ -2 & 2 \end{vmatrix} = 6$$

A の行列式は適当な行または列の余因子展開によって

$$|A| = 8$$

である．逆行列の公式 (2.4.7) により

$$A^{-1} = \frac{\widetilde{A}}{|A|} = \frac{1}{8}\begin{pmatrix} 0 & 2 & 4 \\ -4 & 3 & 10 \\ -4 & -3 & 6 \end{pmatrix} = \begin{pmatrix} 0 & \frac{1}{4} & \frac{1}{2} \\ -\frac{1}{2} & \frac{3}{8} & \frac{5}{4} \\ -\frac{1}{2} & -\frac{3}{8} & \frac{3}{4} \end{pmatrix}$$

と逆行列が得られた．★

3 次正方行列の逆行列の求め方として，前節の掃き出し法による方法と，本節の逆行列の公式の 2 通りを学んだのであるが，果たしてどちらで計算すべきであろうか．効率面から考えるとやはり掃き出し法の方に分があると言えよう．一方で，公式によるメリットとしては，余因子の計算の過程において，割り算を一切使わないことがあげられる．つまり，今の例題 2.4.33 のように行列 A の成分が整数である限り分数は現れない．分数となるのは最後の行列式での割り算のみである．しかし，4 次以上の逆行列を公式 (2.4.7) を用いて求めることはお勧めできない（(2.4.7) は 3 次正方行列であるが 4 次以上でも同じである）．実際にやってみれば分かるが，計算量が多すぎて非効率である．

問題 **2.4.34**　3 次正方行列の逆行列の公式を用いて次の行列の逆行列を求めよ．

$$A = \begin{pmatrix} 3 & 1 & -2 \\ -2 & 1 & 3 \\ 1 & 3 & 1 \end{pmatrix}, \quad B = \begin{pmatrix} 4 & 4 & -9 \\ 3 & -3 & 2 \\ -9 & 3 & 4 \end{pmatrix}$$

2.5　クラメールの公式

前節の行列式の計算方法についての説明が少々長くなってしまったが，再び話題を連立 1 次方程式に戻そう．本節では行列式によって連立 1 次方程式の解を構成する方法を解説する．

定理 2.5.1（クラメール（Cramer）の公式）

n 次の正則行列 A を $A = \begin{pmatrix} \boldsymbol{a}_1 & \cdots & \boldsymbol{a}_n \end{pmatrix}$ と列ベクトルで表記しておく（行列のベクトル表記 (2.2.2) を思い出そう）．未知数 n 個の連立 1 次方程式 $A\boldsymbol{x} = \boldsymbol{b}$ の解

$$\boldsymbol{x} = \begin{pmatrix} x_1 \\ \vdots \\ x_n \end{pmatrix}$$

の k 番目 x_k（$k = 1, \ldots, n$）は次のように表される．

$$x_k = \frac{\begin{vmatrix} \boldsymbol{a}_1 & \cdots & \boldsymbol{a}_{k-1} & \boldsymbol{b} & \boldsymbol{a}_{k+1} & \cdots & \boldsymbol{a}_n \end{vmatrix}}{|A|} \tag{2.5.1}$$

ただし，$\begin{pmatrix} \boldsymbol{a}_1 & \cdots & \boldsymbol{a}_{k-1} & \boldsymbol{b} & \boldsymbol{a}_{k+1} & \cdots & \boldsymbol{a}_n \end{pmatrix}$ は A の k 列目のベクトル $\boldsymbol{a}_k$ を $\boldsymbol{b}$ に取り替えた n 次正方行列である．

定理の最初で A は正則と仮定しているので，(2.5.1) において $|A|$ での割り算は問題ない．前節の定理 2.4.32 の直後で述べた通り $|A| \neq 0$ である．

公式は一般的に n 変数で与えているので，少し分かりにくいかもしれない．具体的な問題で吟味してみよう．

例題 2.5.2

クラメールの公式を用いて次の連立 1 次方程式を解け．

$$\begin{pmatrix} 2 & 3 \\ 1 & 2 \end{pmatrix} \begin{pmatrix} x_1 \\ x_2 \end{pmatrix} = \begin{pmatrix} 8 \\ 5 \end{pmatrix}$$

【解答】　まえがきで与えた連立1次方程式（例題2.1.1でも扱った）であるから解は既知である．

$$\boldsymbol{a}_1 = \begin{pmatrix} 2 \\ 1 \end{pmatrix}, \quad \boldsymbol{a}_2 = \begin{pmatrix} 3 \\ 2 \end{pmatrix}, \quad \boldsymbol{b} = \begin{pmatrix} 8 \\ 5 \end{pmatrix}$$

として定理2.5.1を適用してみる．係数行列 $A = \begin{pmatrix} \boldsymbol{a}_1 & \boldsymbol{a}_2 \end{pmatrix}$ として，その行列式は

$$|A| = \begin{vmatrix} 2 & 3 \\ 1 & 2 \end{vmatrix} = 1$$

である．x_1 は係数行列 A の $\boldsymbol{a}_1$ を $\boldsymbol{b}$ に取り替えるので（網掛け部分が $\boldsymbol{b}$ に取り替えられている）

$$x_1 = \frac{|\boldsymbol{b}\ \boldsymbol{a}_2|}{|A|} = \begin{vmatrix} 8 & 3 \\ 5 & 2 \end{vmatrix} = 1$$

x_2 は $\boldsymbol{a}_2$ を $\boldsymbol{b}$ に取り替えて

$$x_2 = \frac{|\boldsymbol{a}_1\ \boldsymbol{b}|}{|A|} = \begin{vmatrix} 2 & 8 \\ 1 & 5 \end{vmatrix} = 2$$

と解が得られた．★

問題 **2.5.3**　クラメールの公式を用いて次の連立1次方程式を解け．

(1)　$\begin{pmatrix} 3 & -2 \\ -6 & 3 \end{pmatrix} \begin{pmatrix} x_1 \\ x_2 \end{pmatrix} = \begin{pmatrix} -3 \\ 1 \end{pmatrix}$　　(2)　$\begin{pmatrix} 9 & 7 \\ 3 & 5 \end{pmatrix} \begin{pmatrix} x_1 \\ x_2 \end{pmatrix} = \begin{pmatrix} 4 \\ -2 \end{pmatrix}$

例題 2.5.4

クラメールの公式を用いて次の連立1次方程式を解け．

$$\begin{pmatrix} 2 & 2 & -1 \\ 1 & 3 & 2 \\ -1 & 1 & 1 \end{pmatrix} \begin{pmatrix} x_1 \\ x_2 \\ x_3 \end{pmatrix} = \begin{pmatrix} 4 \\ 1 \\ 1 \end{pmatrix} \tag{2.5.2}$$

【解答】　この連立1次方程式は例題2.1.3および例題2.3.11で解いたものと同じであり，やはり解は既知である．まず(2.5.2)の係数行列を A としてその行列式を計算しておく．

$$|A| = \begin{vmatrix} 2 & 2 & -1 \\ 1 & 3 & 2 \\ -1 & 1 & 1 \end{vmatrix}$$

1 行目に 3 行目の 2 倍を，2 行目に 3 行目の 1 倍をそれぞれ加えて，1 列目で展開すると

$$= \begin{vmatrix} & 4 & 1 \\ & 4 & 3 \\ -1 & 1 & 1 \end{vmatrix} = -\begin{vmatrix} 4 & 1 \\ 4 & 3 \end{vmatrix} = -8$$

が得られる．

$$\boldsymbol{a}_1 = \begin{pmatrix} 2 \\ 1 \\ -1 \end{pmatrix}, \quad \boldsymbol{a}_2 = \begin{pmatrix} 2 \\ 3 \\ 1 \end{pmatrix}, \quad \boldsymbol{a}_3 = \begin{pmatrix} -1 \\ 2 \\ 1 \end{pmatrix}, \quad \boldsymbol{b} = \begin{pmatrix} 4 \\ 1 \\ 1 \end{pmatrix}$$

に対して定理 2.5.1 を用いてみよう．x_1 は係数行列の $\boldsymbol{a}_1$ を $\boldsymbol{b}$ に取り替えるので

$$x_1 = \frac{|\boldsymbol{b}\ \boldsymbol{a}_2\ \boldsymbol{a}_3|}{|A|} = -\frac{1}{8}\begin{vmatrix} 4 & 2 & -1 \\ 1 & 3 & 2 \\ 1 & 1 & 1 \end{vmatrix}$$

1 行目に 3 行目の 1 倍を，2 行目に 3 行目の -2 倍をそれぞれ加えて

$$= -\frac{1}{8}\begin{vmatrix} 5 & 3 & \\ -1 & 1 & \\ 1 & 1 & 1 \end{vmatrix}$$

3 列目の展開によって

$$= -\frac{1}{8}\begin{vmatrix} 5 & 3 \\ -1 & 1 \end{vmatrix} = -1$$

x_2 は係数行列の $\boldsymbol{a}_2$ を $\boldsymbol{b}$ で取り替えて

$$x_2 = \frac{|\boldsymbol{a}_1\ \boldsymbol{b}\ \boldsymbol{a}_3|}{|A|} = -\frac{1}{8}\begin{vmatrix} 2 & 4 & -1 \\ 1 & 1 & 2 \\ -1 & 1 & 1 \end{vmatrix}$$

1行目に3行目の1倍を，2行目に3行目の -2 倍をそれぞれ加えて

$$= -\frac{1}{8}\begin{vmatrix} 1 & 5 & \\ 3 & -1 & \\ -1 & 1 & 1 \end{vmatrix}$$

3列目の展開によって

$$= -\frac{1}{8}\begin{vmatrix} 1 & 5 \\ 3 & -1 \end{vmatrix} = 2$$

最後に x_3 は係数行列の $\boldsymbol{a}_3$ を $\boldsymbol{b}$ で取り替えて

$$x_3 = \frac{|\boldsymbol{a}_1\ \boldsymbol{a}_2\ \boldsymbol{b}|}{|A|} = -\frac{1}{8}\begin{vmatrix} 2 & 2 & 4 \\ 1 & 3 & 1 \\ -1 & 1 & 1 \end{vmatrix}$$

2列目に1列目の -1 倍を，3列目に1列目の -2 倍をそれぞれ加えて

$$= -\frac{1}{8}\begin{vmatrix} 2 & & \\ 1 & 2 & -1 \\ -1 & 2 & 3 \end{vmatrix}$$

1行目の展開によって

$$= -\frac{1}{4}\begin{vmatrix} 2 & -1 \\ 2 & 3 \end{vmatrix} = -2$$

これですべての解が求まった．★

問題 **2.5.5**　クラメールの公式を用いて次の連立1次方程式を解け．

(1) $\begin{pmatrix} 8 & -2 & 6 \\ 5 & 0 & 7 \\ 3 & -4 & -6 \end{pmatrix}\begin{pmatrix} x_1 \\ x_2 \\ x_3 \end{pmatrix} = \begin{pmatrix} 5 \\ 3 \\ 1 \end{pmatrix}$

(2) $\begin{pmatrix} \frac{1}{2} & -\frac{1}{2} & -\frac{1}{3} \\ -2 & 3 & -4 \\ \frac{1}{3} & \frac{1}{4} & -\frac{1}{2} \end{pmatrix}\begin{pmatrix} x_1 \\ x_2 \\ x_3 \end{pmatrix} = \begin{pmatrix} -\frac{11}{3} \\ 16 \\ -\frac{1}{4} \end{pmatrix}$

例題 2.5.6

クラメールの公式を用いて次の連立 1 次方程式を解け．

$$\begin{pmatrix} -2 & 4 & 1 & 2 \\ 1 & 0 & -2 & -3 \\ -3 & 3 & -1 & -4 \\ 2 & -4 & 0 & 1 \end{pmatrix} \begin{pmatrix} x_1 \\ x_2 \\ x_3 \\ x_4 \end{pmatrix} = \begin{pmatrix} 8 \\ 4 \\ -1 \\ -6 \end{pmatrix} \tag{2.5.3}$$

【解答】　係数行列が 4 行 4 列である．慎重に計算しよう．これまでと同様に連立 1 次方程式 (2.5.3) を

$$A\boldsymbol{x} = \boldsymbol{b}$$

とする．もちろん $A = \begin{pmatrix} \boldsymbol{a}_1 & \boldsymbol{a}_2 & \boldsymbol{a}_3 & \boldsymbol{a}_4 \end{pmatrix}$ としておく．A の行列式は

$$|A| = \begin{vmatrix} -2 & 4 & 1 & 2 \\ 1 & 0 & -2 & -3 \\ -3 & 3 & -1 & -4 \\ 2 & -4 & 0 & 1 \end{vmatrix}$$

1 行目に 4 行目の 1 倍を加えて

$$= \begin{vmatrix} & & 1 & 3 \\ 1 & 0 & -2 & -3 \\ -3 & 3 & -1 & -4 \\ 2 & -4 & 0 & 1 \end{vmatrix}$$

4 列目に 3 列目の -3 倍を加えて

$$= \begin{vmatrix} & & 1 & \\ 1 & 0 & -2 & 3 \\ -3 & 3 & -1 & -1 \\ 2 & -4 & 0 & 1 \end{vmatrix}$$

3 列目での展開を実行すると

$$= \begin{vmatrix} 1 & 0 & 3 \\ -3 & 3 & -1 \\ 2 & -4 & 1 \end{vmatrix}$$

3 列目に 1 列目の -3 倍を加えて，さらに 1 列目で展開して

$$= \begin{vmatrix} 1 & & \\ -3 & 3 & 8 \\ 2 & -4 & -5 \end{vmatrix} = \begin{vmatrix} 3 & 8 \\ -4 & -5 \end{vmatrix} = 17$$

となる．x_1 は係数行列の $\boldsymbol{a}_1$ を $\boldsymbol{b}$ に取り替えるので

$$x_1 = \frac{|\boldsymbol{b}\ \boldsymbol{a}_2\ \boldsymbol{a}_3\ \boldsymbol{a}_4|}{|A|}$$

$$= \frac{1}{17}\begin{vmatrix} 8 & 4 & 1 & 2 \\ 4 & 0 & -2 & -3 \\ -1 & 3 & -1 & -4 \\ -6 & -4 & 0 & 1 \end{vmatrix}$$

2 行目に 1 行目の 2 倍を，3 行目に 1 行目の 1 倍をそれぞれ加えて

$$= \frac{1}{17}\begin{vmatrix} 8 & 4 & 1 & 2 \\ 20 & 8 & & 1 \\ 7 & 7 & & -2 \\ -6 & -4 & & 1 \end{vmatrix}$$

3 列目の展開によって

$$= \frac{1}{17}\begin{vmatrix} 20 & 8 & 1 \\ 7 & 7 & -2 \\ -6 & -4 & 1 \end{vmatrix}$$

1 行目に 3 行目の -1 倍を，2 行目に 3 行目の 2 倍をそれぞれ加えて

$$= \frac{1}{17}\begin{vmatrix} 26 & 12 & \\ -5 & -1 & \\ -6 & -4 & 1 \end{vmatrix}$$

3 列目で展開して

$$= \frac{1}{17}\begin{vmatrix} 26 & 12 \\ -5 & -1 \end{vmatrix} = 2$$

続いて x_2 は係数行列の $\boldsymbol{a}_2$ を $\boldsymbol{b}$ に取り替えて

$$x_2 = \frac{\left|\boldsymbol{a}_1\ \boldsymbol{b}\ \boldsymbol{a}_3\ \boldsymbol{a}_4\right|}{|A|}$$

$$= \frac{1}{17}\begin{vmatrix} -2 & 8 & 1 & 2 \\ 1 & 4 & -2 & -3 \\ -3 & -1 & -1 & -4 \\ 2 & -6 & 0 & 1 \end{vmatrix}$$

2 行目に 1 行目の 2 倍を，3 行目に 1 行目の 1 倍をそれぞれ加えて

$$= \frac{1}{17}\begin{vmatrix} -2 & 8 & 1 & 2 \\ -3 & 20 & & 1 \\ -5 & 7 & & -2 \\ 2 & -6 & & 1 \end{vmatrix}$$

3 列目の展開によって

$$= \frac{1}{17}\begin{vmatrix} -3 & 20 & 1 \\ -5 & 7 & -2 \\ 2 & -6 & 1 \end{vmatrix}$$

1 行目に 3 行目の -1 倍を，2 行目に 3 行目の 2 倍をそれぞれ加えて

$$= \frac{1}{17}\begin{vmatrix} -5 & 26 & \\ -1 & -5 & \\ 2 & -6 & 1 \end{vmatrix}$$

3 列目の展開により

$$= \frac{1}{17}\begin{vmatrix} -5 & 26 \\ -1 & -5 \end{vmatrix} = 3$$

x_3 は係数行列の $\boldsymbol{a}_3$ を $\boldsymbol{b}$ に取り替えて

$$x_3 = \frac{\left|\boldsymbol{a}_1\ \boldsymbol{a}_2\ \boldsymbol{b}\ \boldsymbol{a}_4\right|}{|A|} = \frac{1}{17}\begin{vmatrix} -2 & 4 & 8 & 2 \\ 1 & 0 & 4 & -3 \\ -3 & 3 & -1 & -4 \\ 2 & -4 & -6 & 1 \end{vmatrix}$$

3 列目に 1 列目の -4 倍を，4 列目に 1 列目の 3 倍をそれぞれ加えて

$$= \frac{1}{17}\begin{vmatrix} -2 & 4 & 16 & -4 \\ 1 & & & \\ -3 & 3 & 11 & -13 \\ 2 & -4 & -14 & 7 \end{vmatrix}$$

2 行目で展開して

$$= -\frac{1}{17}\begin{vmatrix} 4 & 16 & -4 \\ 3 & 11 & -13 \\ -4 & -14 & 7 \end{vmatrix}$$

1 行目を $\frac{1}{4}$ 倍しておこう．

$$= -\frac{1}{17} \times 4 \begin{vmatrix} 1 & 4 & -1 \\ 3 & 11 & -13 \\ -4 & -14 & 7 \end{vmatrix}$$

2 列目に 1 列目の -4 倍を，3 列目に 1 列目の 1 倍をそれぞれ加えて

$$= -\frac{4}{17}\begin{vmatrix} 1 & & \\ 3 & -1 & -10 \\ -4 & 2 & 3 \end{vmatrix}$$

1 行目の展開によって

$$= -\frac{4}{17}\begin{vmatrix} -1 & -10 \\ 2 & 3 \end{vmatrix} = -4$$

最後に x_4 は係数行列の $\boldsymbol{a}_4$ を $\boldsymbol{b}$ に取り替えて

$$x_4 = \frac{\left|\boldsymbol{a}_1\ \boldsymbol{a}_2\ \boldsymbol{a}_3\ \boldsymbol{b}\right|}{|A|}$$

$$= \frac{1}{17}\begin{vmatrix} -2 & 4 & 1 & 8 \\ 1 & 0 & -2 & 4 \\ -3 & 3 & -1 & -1 \\ 2 & -4 & 0 & -6 \end{vmatrix}$$

1 行目に 4 行目の 1 倍を加えて

$$= \frac{1}{17}\begin{vmatrix} & & 1 & 2 \\ 1 & 0 & -2 & 4 \\ -3 & 3 & -1 & -1 \\ 2 & -4 & 0 & -6 \end{vmatrix}$$

4 列目に 3 列目の -2 倍を加えて

$$= \frac{1}{17}\begin{vmatrix} & & 1 & \\ 1 & 0 & -2 & 8 \\ -3 & 3 & -1 & 1 \\ 2 & -4 & 0 & -6 \end{vmatrix}$$

1 行目で展開して

$$= \frac{1}{17}\begin{vmatrix} 1 & 0 & 8 \\ -3 & 3 & 1 \\ 2 & -4 & -6 \end{vmatrix}$$

3 列目に 1 列目の -8 倍を加えて

$$= \frac{1}{17}\begin{vmatrix} 1 & & \\ -3 & 3 & 25 \\ 2 & -4 & -22 \end{vmatrix}$$

1 行目の展開によって

$$= \frac{1}{17}\begin{vmatrix} 3 & 25 \\ -4 & -22 \end{vmatrix} = 2 \quad ★$$

クラメールの公式は連立1次方程式の解法としてはいかがであろうか．まず大前提として係数行列は正則でなければならない．掃き出し法による解法では係数行列が正則であろうとなかろうと解けてしまうので，この点に関してはクラメールの公式は相当に不利である．また今の例題2.5.6からも分かるが，未知数が4つとなると計算量がやや多い．行列式を用いる利点としては，やはり逆行列の場合と同じく割り算を使わないことである．最後に大きめの連立1次方程式の問題をいくつか与えてこの節を終えるが，色々な方法で何度も解いてみて，自分にあった方法を探ってみるとよいであろう．

問題 2.5.7　クラメールの公式を用いて次の連立1次方程式を解け．

(1) $$\begin{pmatrix} -3 & 2 & 6 & 1 \\ -2 & 4 & 1 & -2 \\ 4 & 1 & -4 & 2 \\ 3 & -9 & 3 & 5 \end{pmatrix} \begin{pmatrix} x_1 \\ x_2 \\ x_3 \\ x_4 \end{pmatrix} = \begin{pmatrix} -1 \\ 4 \\ 3 \\ -6 \end{pmatrix}$$

(2) $$\begin{pmatrix} 1 & -3 & 3 & -1 \\ 2 & 4 & -\frac{3}{2} & -2 \\ 5 & \frac{1}{3} & 1 & 3 \\ 1 & -5 & 2 & -1 \end{pmatrix} \begin{pmatrix} x_1 \\ x_2 \\ x_3 \\ x_4 \end{pmatrix} = \begin{pmatrix} -8 \\ -1 \\ 2 \\ -16 \end{pmatrix}$$

演習問題

□ **2.1** 以下の行列の階数を答えよ．

$$A = \begin{pmatrix} \sqrt{2} & 0 & 2\sqrt{2} & \sqrt{2} \\ 3 & \sqrt{3} & 6+\sqrt{3} & 3-\sqrt{3} \\ -40 & 2 & -6 & -6 \end{pmatrix},$$

$$B = \begin{pmatrix} 0 & x & 2 \\ x & 0 & 0 \\ 0 & 2x & x^2 \end{pmatrix}, \quad C = \begin{pmatrix} 0 & x & y \\ y & 0 & x \\ x & y & 0 \end{pmatrix}$$

□ **2.2** 以下の行列式の値を計算せよ．

(1) $\begin{vmatrix} 1 & 1 & 1 \\ x & y & z \\ x^2 & y^2 & z^2 \end{vmatrix}$ (2) $\begin{vmatrix} x & x & x & x \\ x & y & y & y \\ x & y & z & z \\ x & y & z & w \end{vmatrix}$ (3) $\begin{vmatrix} 1 & 1 & 1 & 1 \\ x & 2 & 2 & 2 \\ x & y & 3 & 3 \\ x & y & z & 4 \end{vmatrix}$

(4) $\begin{vmatrix} x+y+z & -z & -y \\ -z & x+y+z & -x \\ -y & -x & x+y+z \end{vmatrix}$ (5) $\begin{vmatrix} y^2+z^2 & xy & zx \\ xy & z^2+x^2 & yz \\ zx & yz & x^2+y^2 \end{vmatrix}$

□ **2.3** 次の連立 1 次方程式を解け．

$$\begin{pmatrix} 1 & 2 & 5 & -1 & 7 \\ -2 & 3 & 9 & -6 & 5 \\ -1 & 2 & 2 & -2 & -1 \\ 6 & 3 & -1 & 4 & 1 \\ -5 & 4 & -3 & 2 & 3 \end{pmatrix} \begin{pmatrix} x_1 \\ x_2 \\ x_3 \\ x_4 \\ x_5 \end{pmatrix} = \begin{pmatrix} 11 \\ 16 \\ 5 \\ 8 \\ -2 \end{pmatrix}$$

□ **2.4**

$$\begin{vmatrix} x^2+y^2 & x & y & 1 \\ p_1^2+q_1^2 & p_1 & q_1 & 1 \\ p_2^2+q_2^2 & p_2 & q_2 & 1 \\ p_3^2+q_3^2 & p_3 & q_3 & 1 \end{vmatrix} = 0$$

は xy 平面において同一直線上にない 3 つの点 $\mathrm{A}(p_1, q_1)$, $\mathrm{B}(p_2, q_2)$, $\mathrm{C}(p_3, q_3)$ を通る円の方程式であることを示せ．

第3章

対角化の理論

第 3 章として，行列の対角化の方法を解説する．対角化の理論は奥が深く，これまでに学んだ第 1 章，第 2 章の知識だけでは少しハードルが高いのであるが，計算方法を理解するだけであれば，これまでの事柄で十分である．なお，本章の具体的な計算は 2 次または 3 次の正方行列までにとどめることとする．難しいことはあまり考えずとにかく実際に色々と計算してみよう．

3.1 固有値と固有ベクトル

固有値と固有ベクトル　n 次正方行列 A に対して

$$A\boldsymbol{x} = \lambda \boldsymbol{x} \tag{3.1.1}$$

をみたす実数 λ を A の**固有値**，n 次列ベクトル $\boldsymbol{x}$ $(\neq \boldsymbol{0})$ を λ に属する A の**固有ベクトル**という．あるいは λ に対する固有ベクトルや，簡単に λ の固有ベクトルなどと呼ぶこともある．

例えば，次の 3 次正方行列 A と 3 次列ベクトル $\boldsymbol{x}$ を考えよう．

$$A = \begin{pmatrix} 1 & 2 & 2 \\ 1 & 0 & 1 \\ 2 & 2 & 1 \end{pmatrix}, \quad \boldsymbol{x} = \begin{pmatrix} 2 \\ 1 \\ 2 \end{pmatrix} \tag{3.1.2}$$

簡単な計算により

$$A\boldsymbol{x} = \begin{pmatrix} 1 & 2 & 2 \\ 1 & 0 & 1 \\ 2 & 2 & 1 \end{pmatrix} \begin{pmatrix} 2 \\ 1 \\ 2 \end{pmatrix} = \begin{pmatrix} 8 \\ 4 \\ 8 \end{pmatrix} = 4 \begin{pmatrix} 2 \\ 1 \\ 2 \end{pmatrix} = 4\boldsymbol{x} \tag{3.1.3}$$

である．つまり (3.1.1) により 4 は A の固有値であり，$\boldsymbol{x}$ は 4 に属する A の固有ベクトルである．

固有ベクトルは行列を作用させれば固有値倍されるだけの特別なベクトルであるが，これはどのような意味を持つのであろうか．固有値および固有ベクトルが意味することについては，次節の対角化の計算を待って頂きたい．今の例では，固有ベクトル $\boldsymbol{x}$ が与えられており，そこから固有値 4 が得られた．それでは，この固有ベクトル $\boldsymbol{x}$ はどのように見つけてきたのであろうか．また，固有値 4 に対する固有ベクトルは $\boldsymbol{x}$ だけしかないのであろうか．あるいは，A の固有値は 4 以外にもあるのであろうか．本節では，具体的な計算の中でこれらの問いに順に答えていこう．

> **命題 3.1.1**　λ を A の固有値，$\boldsymbol{x}$ をその固有ベクトルとする．このとき，任意の実数 α に対して，$\alpha\boldsymbol{x}$ も λ に属する A の固有ベクトルである．

この命題は次の計算

$$A(\alpha\boldsymbol{x}) = \alpha A\boldsymbol{x} = \alpha\lambda\boldsymbol{x} = \lambda(\alpha\boldsymbol{x})$$

から簡単に分かるのであるが，先ほど例にあげた 3 次正方行列 A と固有ベクトル $\boldsymbol{x}$

$$A = \begin{pmatrix} 1 & 2 & 2 \\ 1 & 0 & 1 \\ 2 & 2 & 1 \end{pmatrix}, \quad \boldsymbol{x} = \begin{pmatrix} 2 \\ 1 \\ 2 \end{pmatrix}$$

について，実際に計算してみよう．

$$2\boldsymbol{x} = \begin{pmatrix} 4 \\ 2 \\ 4 \end{pmatrix}, \quad 3\boldsymbol{x} = \begin{pmatrix} 6 \\ 3 \\ 6 \end{pmatrix}$$

であるから

$$\begin{pmatrix} 1 & 2 & 2 \\ 1 & 0 & 1 \\ 2 & 2 & 1 \end{pmatrix}\begin{pmatrix} 4 \\ 2 \\ 4 \end{pmatrix} = \begin{pmatrix} 16 \\ 8 \\ 16 \end{pmatrix} = 4\begin{pmatrix} 4 \\ 2 \\ 4 \end{pmatrix}$$

$$\begin{pmatrix} 1 & 2 & 2 \\ 1 & 0 & 1 \\ 2 & 2 & 1 \end{pmatrix} \begin{pmatrix} 6 \\ 3 \\ 6 \end{pmatrix} = \begin{pmatrix} 24 \\ 12 \\ 24 \end{pmatrix} = 4 \begin{pmatrix} 6 \\ 3 \\ 6 \end{pmatrix}$$

となり，$2\boldsymbol{x}$ も $3\boldsymbol{x}$ もやはり 4 に属する A の固有ベクトルとなっている．命題3.1.1は，今の例のように固有ベクトルを2倍あるいは3倍したものに限らず，何倍しようとも再び固有ベクトルになることを主張している．つまり固有ベクトルが1つ見つかれば，その時点で無限個見つけたことになるのである．

さて，実は固有値については次の明快な定理がある．

定理 3.1.2 n 次正方行列 A に対して，実数 λ が A の固有値であるための必要十分条件は

$$\left|\lambda E_n - A\right| = 0 \tag{3.1.4}$$

である．

(3.1.4) の $\left|\lambda E_n - A\right|$ は n 次正方行列 $\lambda E_n - A$ の行列式である．λ はこの行列の対角成分に並んでおり，行列式の計算方法を考えると $\left|\lambda E_n - A\right|$ は λ についての n 次の多項式となることが分かる．よって定理 3.1.2 は固有値の個数についての結論も述べている（その理由は後の例題 3.1.4 の解答下の説明を見よ）．

命題 3.1.3 n 次正方行列 A の固有値の個数は高々 n 個である．

このように行列式 $\left|\lambda E_n - A\right|$ は重要な意味を持つため，名前を付けておこう．

固有多項式と固有方程式 n 次正方行列 A に対して

$$\varphi_A(\lambda) = \left|\lambda E_n - A\right|$$

を A の**固有多項式**と呼び，λ についての n 次方程式

$$\varphi_A(\lambda) = 0$$

を A の**固有方程式**と呼ぶ．

例題 3.1.4

次の行列の固有値をすべて求めよ.

$$A = \begin{pmatrix} 3 & -2 \\ -4 & 5 \end{pmatrix}, \quad B = \begin{pmatrix} 4 & 1 \\ -1 & 2 \end{pmatrix}$$

【解答】 A の固有多項式は

$$\varphi_A(\lambda) = \left|\lambda E_2 - A\right| = \begin{vmatrix} \lambda - 3 & 2 \\ 4 & \lambda - 5 \end{vmatrix} = (\lambda - 1)(\lambda - 7)$$

よって定理 3.1.2 により A の固有値は 1 と 7 である. B の固有多項式は

$$\varphi_B(\lambda) = \left|\lambda E_2 - B\right| = \begin{vmatrix} \lambda - 4 & -1 \\ 1 & \lambda - 2 \end{vmatrix} = (\lambda - 3)^2$$

なので B の固有値は 3 である. ★

固有方程式の解がいつも実数であるとは限らない. 例えば

$$A = \begin{pmatrix} 1 & 2 \\ -1 & 1 \end{pmatrix}$$

の固有多項式は

$$\varphi_A(\lambda) = \lambda^2 - 2\lambda + 3$$

であり, $\varphi_A(\lambda) = 0$ の解は $\lambda = 1 \pm i\sqrt{2}$ である (i は虚数単位). (3.1.1) によれば, 固有値の定義は実数となっているので, この 2 次正方行列 A は固有値を持たないことになる. 本書では行列の成分を実数に限っているため, 固有値も実数と定義している. しかし行列の成分に複素数を認めて, スカラー倍のスカラーも複素数まで広げれば, 固有値を複素数としても以下の議論には何も問題はない. 実数であっても複素数であっても理屈は同じであるので, 本書ではこのまま実数の範囲のみで考えることにする.

A が n 次正方行列であるとき, 複素数の範囲では固有方程式 $\varphi_A(\lambda) = 0$ は必ず n 個の解を持つ (命題 3.1.3 はこの事実による). これは**代数学の基本定理**と呼ばれる. ただし, 重解は 2 つの解が重なっているものとして 2 つとみなす (3 重解以降も同様). 例えば 2 次方程式がこの意味で必ず解を 2 つ持つことは, これまでの経験からよく知っていることであろう.

問題 3.1.5 次の行列の固有値をすべて求めよ.

$$A = \begin{pmatrix} \frac{1}{3} & -\frac{1}{3} \\ -\frac{7}{2} & \frac{1}{2} \end{pmatrix}, \quad B = \begin{pmatrix} 12 & 3 \\ 4 & -12 \end{pmatrix}$$

例題 3.1.6

次の行列の固有値をすべて求めよ.

$$A = \begin{pmatrix} 1 & 2 & 2 \\ 1 & 0 & 1 \\ 2 & 2 & 1 \end{pmatrix}, \quad B = \begin{pmatrix} 0 & 3 & -2 \\ 1 & -1 & 3 \\ -2 & 3 & 0 \end{pmatrix}$$

【解答】 A は本節の最初に例としてあげた 3 次正方行列であり, 4 がその固有値の 1 つであることは既知である. 固有多項式を求めてみよう.

$$\varphi_A(\lambda) = \left|\lambda E_3 - A\right| = \begin{vmatrix} \lambda - 1 & -2 & -2 \\ -1 & \lambda & -1 \\ -2 & -2 & \lambda - 1 \end{vmatrix}$$

この未知数 λ を含んだ 3 次の行列式の計算にも 2.4 節で学んだ余因子展開が強力である. まずは 3 行目に 2 行目の -2 倍を加えて

$$= \begin{vmatrix} \lambda - 1 & -2 & -2 \\ -1 & \lambda & -1 \\ & -2 - 2\lambda & \lambda + 1 \end{vmatrix}$$

3 行目に共通して $\lambda + 1$ が見えるので

$$= (\lambda + 1) \begin{vmatrix} \lambda - 1 & -2 & -2 \\ -1 & \lambda & -1 \\ & -2 & 1 \end{vmatrix}$$

これを 3 行目で展開する.

$$\begin{aligned} &= (\lambda + 1) \left\{ -(-2) \begin{vmatrix} \lambda - 1 & -2 \\ -1 & -1 \end{vmatrix} + \begin{vmatrix} \lambda - 1 & -2 \\ -1 & \lambda \end{vmatrix} \right\} \\ &= (\lambda + 1)^2 (\lambda - 4) \end{aligned}$$

よって A は 4 以外の固有値 -1 を持つことが分かった．次に B を考える．固有多項式は

$$\varphi_B(\lambda) = \left|\lambda E_3 - B\right| = \begin{vmatrix} \lambda & -3 & 2 \\ -1 & \lambda+1 & -3 \\ 2 & -3 & \lambda \end{vmatrix}$$

3 行目に 2 行目の 2 倍を加えて

$$= \begin{vmatrix} \lambda & -3 & 2 \\ -1 & \lambda+1 & -3 \\ & 2\lambda-1 & \lambda-6 \end{vmatrix}$$

1 列目で展開して

$$\begin{aligned} &= \lambda \begin{vmatrix} \lambda+1 & -3 \\ 2\lambda-1 & \lambda-6 \end{vmatrix} - (-1) \begin{vmatrix} -3 & 2 \\ 2\lambda-1 & \lambda-6 \end{vmatrix} \\ &= \lambda^3 + \lambda^2 - 16\lambda + 20 \end{aligned}$$

先ほどの A の固有多項式は $\lambda+1$ を早々にくくり出せたため，因数分解は易しかったが，今回はそうはいかない．因数定理を用いよう．$\varphi_B(\lambda)$ に 20 の（正負の符号を含めた）約数を適当に代入してみる．今の場合は

$$\varphi_B(2) = 0$$

であるから $\varphi_B(\lambda)$ は $\lambda - 2$ を因数に持つ．よって

$$\varphi_B(\lambda) = (\lambda-2)^2(\lambda+5)$$

つまり B の固有値は 2 と -5 である．★

問題 **3.1.7**　次の行列の固有値をすべて求めよ．

$$A = \begin{pmatrix} 1 & 1 & 2 \\ -1 & 2 & 1 \\ 2 & -1 & 1 \end{pmatrix}, \quad B = \begin{pmatrix} -3 & 2 & 2 \\ -2 & 1 & 2 \\ -2 & 2 & 1 \end{pmatrix}$$

ここで次の定理を紹介しておく．

> **定理 3.1.8**　n 次正方行列 A とその固有多項式 $\varphi_A(\lambda)$ に対して，**ケイリー–ハミルトン**（Cayley–Hamilton）**の定理**
>
> $$\varphi_A(A) = O_n$$
>
> が成り立つ．

これは，1.2 節で述べた定理 1.2.1 を一般の n 次正方行列に拡張したものである．実際

$$A = \begin{pmatrix} a & b \\ c & d \end{pmatrix}$$

に対して，固有多項式は

$$\begin{aligned} \varphi_A(\lambda) = \left|\lambda E_2 - A\right| &= \begin{vmatrix} \lambda - a & -b \\ -c & \lambda - d \end{vmatrix} \\ &= \lambda^2 - (a+d)\lambda + ad - bc \end{aligned}$$

であるから，行列 A を代入すると

$$\varphi_A(A) = A^2 - (a+d)A + (ad-bc)E_2$$

となる（固有多項式の定数項部分には単位行列がつくことに注意）．よって

$$\varphi_A(A) = O_2$$

は定理 1.2.1 に他ならない．定理 3.1.8 は，この事実が一般に n 次正方行列でも成り立つと主張しているのである．例えば例題 3.1.6 の 3 次正方行列

$$B = \begin{pmatrix} 0 & 3 & -2 \\ 1 & -1 & 3 \\ -2 & 3 & 0 \end{pmatrix}$$

の固有多項式は

$$\varphi_B(\lambda) = \lambda^3 + \lambda^2 - 16\lambda + 20$$

であったので

$$\varphi_B(B) = O_3$$

すなわち

$$B^3 + B^2 - 16B + 20E_3 = O_3$$

が成り立つ．1.2 節で見たように，この定理は行列の積の次数を下げるのに役立てることもできるが，本節の主題から少し話題がそれるため，この程度としておこう．

固有値が分かれば，固有ベクトルを求めることは難しいことではない．連立 1 次方程式の知識があれば十分である．例えば，n 次正方行列 A の固有値を λ としよう．定理 2.2.17 および定理 2.4.32 の直後で述べたことを思い出すと，斉次連立 1 次方程式

$$(\lambda E_n - A)\boldsymbol{x} = \mathbf{0}$$

は必ず非自明解を持つ．これを解いて $\boldsymbol{x}$ を求めれば，(3.1.1) により，それが λ に属する A の固有ベクトルである．

例題 3.1.9

次の行列の各固有値に属する固有ベクトルをそれぞれ 1 つずつ求めよ．

$$A = \begin{pmatrix} 3 & -2 \\ -4 & 5 \end{pmatrix}, \quad B = \begin{pmatrix} 4 & 1 \\ -1 & 2 \end{pmatrix}$$

【解答】　いずれの行列も例題 3.1.4 のものであり，固有値は既に求めてある．A の固有値 1 に属する固有ベクトルを

$$\boldsymbol{x} = \begin{pmatrix} x_1 \\ x_2 \end{pmatrix}$$

として，斉次連立 1 次方程式 $(E_2 - A)\boldsymbol{x} = \mathbf{0}$ を解けばよい．

$$E_2 - A = \begin{pmatrix} -2 & 2 \\ 4 & -4 \end{pmatrix}$$

を簡約すると

$$\begin{pmatrix} 1 & -1 \\ & \end{pmatrix}$$

であるから，c を実数として，主成分の対応していない $x_2 = c$ とおくと

$$\boldsymbol{x} = \begin{pmatrix} x_1 \\ x_2 \end{pmatrix} = c \begin{pmatrix} 1 \\ 1 \end{pmatrix}$$

となる．よって1に属する固有ベクトルとして1つ答えるなら

$$\begin{pmatrix} 1 \\ 1 \end{pmatrix}$$

でよい．次に A の固有値7に属する固有ベクトルを求めてみよう．先ほどと同様に，斉次連立1次方程式 $(7E_2 - A)\boldsymbol{x} = \boldsymbol{0}$ をみたす $\boldsymbol{x}$ を求めればよい．

$$7E_2 - A = \begin{pmatrix} 4 & 2 \\ 4 & 2 \end{pmatrix}$$

の簡約行列は

$$\begin{pmatrix} 1 & \frac{1}{2} \\ & \end{pmatrix}$$

なので，実数 c を主成分の対応していない x_2 に割り当てて

$$\boldsymbol{x} = \begin{pmatrix} x_1 \\ x_2 \end{pmatrix} = c \begin{pmatrix} -\frac{1}{2} \\ 1 \end{pmatrix}$$

が得られる．よって固有ベクトルの1つとしては

$$\begin{pmatrix} -\frac{1}{2} \\ 1 \end{pmatrix}$$

でよいであろう．次に B であるが，例題3.1.4によれば3を固有値として持つ．

$$3E_2 - B = \begin{pmatrix} -1 & -1 \\ 1 & 1 \end{pmatrix}$$

の簡約行列は

$$\begin{pmatrix} 1 & 1 \\ & \end{pmatrix}$$

なので，斉次連立1次方程式 $(3E_2 - B)\boldsymbol{x} = \boldsymbol{0}$ の解は，c を実数として

$$\boldsymbol{x} = \begin{pmatrix} x_1 \\ x_2 \end{pmatrix} = c \begin{pmatrix} -1 \\ 1 \end{pmatrix}$$

である．B の 3 に属する固有ベクトルの 1 つとして

$$\begin{pmatrix} -1 \\ 1 \end{pmatrix}$$

を答えておこう．★

問題 3.1.10　次の行列の固有値をすべて求め，各固有値に属する固有ベクトルをそれぞれ 1 つずつ求めよ．

$$A = \begin{pmatrix} 8 & 6 \\ -5 & -9 \end{pmatrix}, \quad B = \begin{pmatrix} 1 & -\frac{1}{4} \\ \frac{1}{4} & \frac{1}{2} \end{pmatrix}$$

例題 3.1.11

次の行列の各固有値に属する固有ベクトルをそれぞれ 1 つずつ求めよ．

$$A = \begin{pmatrix} 1 & 2 & 2 \\ 1 & 0 & 1 \\ 2 & 2 & 1 \end{pmatrix}$$

【解答】　この行列は本節の最初に例として与えたものである．例題 3.1.6 ですべての固有値は求めた．A の固有値 4 に属する固有ベクトルを計算しよう．

$$4E_3 - A = \begin{pmatrix} 3 & -2 & -2 \\ -1 & 4 & -1 \\ -2 & -2 & 3 \end{pmatrix}$$

1 行目と 2 行目を入れ替えて

$$\begin{pmatrix} -1 & 4 & -1 \\ 3 & -2 & -2 \\ -2 & -2 & 3 \end{pmatrix}$$

2 行目に 1 行目の 3 倍を，3 行目に 1 行目の -2 倍をそれぞれ加えて

$$\begin{pmatrix} -1 & 4 & -1 \\ & 10 & -5 \\ & -10 & 5 \end{pmatrix}$$

3 行目に 2 行目の 1 倍を加えて

$$\begin{pmatrix} -1 & 4 & -1 \\ & 10 & -5 \\ & & \end{pmatrix}$$

2 行目を $\frac{1}{10}$ 倍して

$$\begin{pmatrix} -1 & 4 & -1 \\ & 1 & -\frac{1}{2} \\ & & \end{pmatrix}$$

1 行目に 2 行目の -4 倍を加えて

$$\begin{pmatrix} -1 & & 1 \\ & 1 & -\frac{1}{2} \\ & & \end{pmatrix}$$

1 行目を -1 倍して

$$\begin{pmatrix} 1 & & -1 \\ & 1 & -\frac{1}{2} \\ & & \end{pmatrix}$$

これで行列 $4E_3 - A$ は簡約された．斉次連立 1 次方程式 $\bigl(4E_3 - A\bigr)\boldsymbol{x} = \mathbf{0}$ の解は，c を実数として

$$\boldsymbol{x} = \begin{pmatrix} x_1 \\ x_2 \\ x_3 \end{pmatrix} = c \begin{pmatrix} 1 \\ \frac{1}{2} \\ 1 \end{pmatrix}$$

である．4 に属する固有ベクトルとしては

$$\begin{pmatrix} 1 \\ \frac{1}{2} \\ 1 \end{pmatrix}$$

が取れる．-1 に属する固有ベクトルを計算する．

$$-E_3 - A = \begin{pmatrix} -2 & -2 & -2 \\ -1 & -1 & -1 \\ -2 & -2 & -2 \end{pmatrix}$$

この行列の簡約は容易である．1 行目と 2 行目を入れ替えて

$$\begin{pmatrix} -1 & -1 & -1 \\ -2 & -2 & -2 \\ -2 & -2 & -2 \end{pmatrix}$$

2 行目と 3 行目に 1 行目の -2 倍をそれぞれ加えて

$$\begin{pmatrix} -1 & -1 & -1 \\ & & \\ & & \end{pmatrix}$$

1 行目を -1 倍して

$$\begin{pmatrix} 1 & 1 & 1 \\ & & \\ & & \end{pmatrix}$$

が簡約行列である．よって $\left(-E_3 - A\right)\boldsymbol{x} = \mathbf{0}$ の解は，c_1 および c_2 を実数とすると

$$\boldsymbol{x} = \begin{pmatrix} x_1 \\ x_2 \\ x_3 \end{pmatrix} = c_1 \begin{pmatrix} -1 \\ 1 \\ 0 \end{pmatrix} + c_2 \begin{pmatrix} -1 \\ 0 \\ 1 \end{pmatrix}$$

となる．-1 に属する固有ベクトルを 1 つ答える場合はもちろんどちらを答えてもよい．ここでは

$$\begin{pmatrix} -1 \\ 1 \\ 0 \end{pmatrix}$$

としておこう．★

例題 3.1.12

次の行列の各固有値に属する固有ベクトルをそれぞれ 1 つずつ求めよ．

$$B = \begin{pmatrix} 0 & 3 & -2 \\ 1 & -1 & 3 \\ -2 & 3 & 0 \end{pmatrix}$$

【解答】　この行列についても既に例題 3.1.6 で固有値は求めてある．固有値 2 に属する固有ベクトルは

$$2E_3 - B = \begin{pmatrix} 2 & -3 & 2 \\ -1 & 3 & -3 \\ 2 & -3 & 2 \end{pmatrix}$$

を簡約すればよい．3 行目に 1 行目の -1 倍を加えて

$$\begin{pmatrix} 2 & -3 & 2 \\ -1 & 3 & -3 \\ & & \end{pmatrix}$$

1 行目と 2 行目を入れ替えて

$$\begin{pmatrix} -1 & 3 & -3 \\ 2 & -3 & 2 \\ & & \end{pmatrix}$$

2 行目に 1 行目の 2 倍を加えて

$$\begin{pmatrix} -1 & 3 & -3 \\ & 3 & -4 \\ & & \end{pmatrix}$$

1 行目を -1 倍，2 行目を $\frac{1}{3}$ 倍して

$$\begin{pmatrix} 1 & -3 & 3 \\ & 1 & -\frac{4}{3} \\ & & \end{pmatrix}$$

1 行目に 2 行目の 3 倍を加えて

$$\begin{pmatrix} 1 & 0 & -1 \\ & 1 & -\frac{4}{3} \\ & & \end{pmatrix}$$

よって $\bigl(2E_3 - B\bigr)\boldsymbol{x} = \mathbf{0}$ の解は，c を実数として

$$\boldsymbol{x} = \begin{pmatrix} x_1 \\ x_2 \\ x_3 \end{pmatrix} = c\begin{pmatrix} 1 \\ \frac{4}{3} \\ 1 \end{pmatrix}$$

である．固有値 2 に属する固有ベクトルの 1 つとして

$$\begin{pmatrix} 1 \\ \frac{4}{3} \\ 1 \end{pmatrix}$$

が取れる．-5 に属する固有ベクトルを求めよう．

$$-5E_3 - B = \begin{pmatrix} -5 & -3 & 2 \\ -1 & -4 & -3 \\ 2 & -3 & -5 \end{pmatrix}$$

1 行目と 2 行目を入れ替えて

$$\begin{pmatrix} -1 & -4 & -3 \\ -5 & -3 & 2 \\ 2 & -3 & -5 \end{pmatrix}$$

2 行目に 1 行目の -5 倍を，3 行目に 1 行目の 2 倍をそれぞれ加えて

$$\begin{pmatrix} -1 & -4 & -3 \\ & 17 & 17 \\ & -11 & -11 \end{pmatrix}$$

1 行目を -1 倍，2 行目を $\frac{1}{17}$ 倍，3 行目を $-\frac{1}{11}$ 倍して

$$\begin{pmatrix} 1 & 4 & 3 \\ & 1 & 1 \\ & 1 & 1 \end{pmatrix}$$

3行目に2行目の -1 倍を加えて

$$\begin{pmatrix} 1 & 4 & 3 \\ & 1 & 1 \\ & & \end{pmatrix}$$

1行目に2行目の -4 倍を加えて

$$\begin{pmatrix} 1 & 0 & -1 \\ & 1 & 1 \\ & & \end{pmatrix}$$

と簡約された．$(-5E_3 - B)\boldsymbol{x} = \mathbf{0}$ の解は c を実数として

$$\boldsymbol{x} = \begin{pmatrix} x_1 \\ x_2 \\ x_3 \end{pmatrix} = c\begin{pmatrix} 1 \\ -1 \\ 1 \end{pmatrix}$$

である．よって -5 に属する固有ベクトルとして

$$\begin{pmatrix} 1 \\ -1 \\ 1 \end{pmatrix}$$

としておこう．★

問題 3.1.13　次の行列の固有値をすべて求め，各固有値に属する固有ベクトルをそれぞれ1つずつ答えよ．

$$A = \begin{pmatrix} -3 & 2 & 1 \\ 2 & -1 & 0 \\ 2 & 4 & -2 \end{pmatrix}, \quad B = \begin{pmatrix} 3 & 0 & 1 \\ 3 & 1 & 2 \\ 2 & 0 & 2 \end{pmatrix}$$

これまでの例題に登場した多くの固有ベクトルは，その固有値に対して（スカラー倍を除いて）1つであった．しかし例題 3.1.11 の A の -1 に属する固有ベクトルは

$$\begin{pmatrix} -1 \\ 1 \\ 0 \end{pmatrix} \quad \text{および} \quad \begin{pmatrix} -1 \\ 0 \\ 1 \end{pmatrix}$$

の 2 種類が取れている．この事実は対角化の理論において非常に重要な意味を持つのであるが，それについては次節に譲るとして，ここでは以下に注意しておく．上の 2 種の固有ベクトルの和

$$\begin{pmatrix} -1 \\ 1 \\ 0 \end{pmatrix} + \begin{pmatrix} -1 \\ 0 \\ 1 \end{pmatrix} = \begin{pmatrix} -2 \\ 1 \\ 1 \end{pmatrix}$$

もまた例題 3.1.11 の A の -1 に属する固有ベクトルになる．実際

$$\begin{pmatrix} 1 & 2 & 2 \\ 1 & 0 & 1 \\ 2 & 2 & 1 \end{pmatrix} \begin{pmatrix} -2 \\ 1 \\ 1 \end{pmatrix} = \begin{pmatrix} 2 \\ -1 \\ -1 \end{pmatrix} = -\begin{pmatrix} -2 \\ 1 \\ 1 \end{pmatrix}$$

をみたす．

今述べたことを一般的に命題として次で与えておく．

命題 3.1.14　$\boldsymbol{x}$ と $\boldsymbol{y}$ がともに A の固有値 λ に属する固有ベクトルとすると，その和 $\boldsymbol{x}+\boldsymbol{y}$ も A の λ に属する固有ベクトルである．

実際，これは次の計算からも明らかである．

$$\begin{aligned} A(\boldsymbol{x}+\boldsymbol{y}) &= A\boldsymbol{x} + A\boldsymbol{y} \\ &= \lambda\boldsymbol{x} + \lambda\boldsymbol{y} \\ &= \lambda(\boldsymbol{x}+\boldsymbol{y}) \end{aligned}$$

命題 3.1.1 と命題 3.1.14 を合わせると，任意の実数 α と β に対して，$\alpha\boldsymbol{x}+\beta\boldsymbol{y}$ も A の λ に属する固有ベクトルとなることが分かる．つまり，スカラー倍や和に対して固有ベクトルという性質は保たれる．線形代数においては “空間” という概念があり，スカラー倍や加法の下で不変という性質は空間を定義するための基本的な事柄となっている．より詳しくは第 4 章を参照して頂きたい．

3.2　行列の対角化

本節では前節で学んだ固有値と固有ベクトルを用いて，行列の対角化の計算方法を説明する．2次正方行列の対角化については第1章の例題1.3.4や問題1.3.5で少し触れた．本節により固有値と固有ベクトルの意味がより明確なものとなるであろう．

対角行列　n 次正方行列 A の対角成分を除いたすべての成分が0であるとき，A を**対角行列**という．

対角行列の例としては，例えば3次正方行列では

$$\begin{pmatrix} 1 & & \\ & 2 & \\ & & 3 \end{pmatrix}$$

のような行列である．あるいは n 次単位行列 E_n ももちろん対角行列の1つである．

対角化　n 次正方行列 A に対して，ある正則行列 P が存在し $P^{-1}AP$ が対角行列となるとき，A は P によって**対角化**されるという．

例題1.3.4を思い出そう．

$$A = \begin{pmatrix} 2 & 1 \\ 1 & 2 \end{pmatrix}, \quad P = \begin{pmatrix} \frac{1}{\sqrt{2}} & \frac{1}{\sqrt{2}} \\ -\frac{1}{\sqrt{2}} & \frac{1}{\sqrt{2}} \end{pmatrix}$$

に対して

$$P^{-1}AP = \begin{pmatrix} 1 & \\ & 3 \end{pmatrix}$$

と対角化されたのであった．以下では，与えられた正方行列 A に対して，この A を対角化する P を求める方法を説明しよう．まず問題として，どんな行列でも対角化できるのであろうか．これに対する答えは否である．まず，固有値が相異なる場合の対角化可能な十分条件と P の構成方法として次の定理を与えておく．

定理 3.2.1　n 次正方行列 A が n 個の相異なる固有値 $\lambda_1, \ldots, \lambda_n$ を持つとする．各固有値に属する固有ベクトル $\boldsymbol{x}_1, \ldots, \boldsymbol{x}_n$ を 1 つずつ選び，行列 P を

$$P = \begin{pmatrix} \boldsymbol{x}_1 & \cdots & \boldsymbol{x}_n \end{pmatrix}$$

で定めると P は正則行列となり，この P によって A は対角化される．

この定理によると，固有値がすべて異なれば，すなわち固有方程式が重解を持たず n 個の実数解を持てば，それぞれの固有ベクトルを列ベクトルとして行列 P を定めることで対角化できるのである．例題で確認しよう．

例題 3.2.2

次の行列を対角化する行列 P を求めて対角化せよ．

$$A = \begin{pmatrix} 3 & -2 \\ -4 & 5 \end{pmatrix}$$

【解答】　この行列は例題 3.1.4 および 3.1.9 で固有値と固有ベクトルは求めてある．固有値は 1 と 7 であり，定理 3.2.1 によって対角化可能である．それぞれに属する固有値ベクトルとして

$$\begin{pmatrix} 1 \\ 1 \end{pmatrix} \quad \text{および} \quad \begin{pmatrix} -\frac{1}{2} \\ 1 \end{pmatrix}$$

が取れた．よって定理 3.2.1 に従って

$$P = \begin{pmatrix} 1 & -\frac{1}{2} \\ 1 & 1 \end{pmatrix}$$

とする．今の場合 P は 2 次正方行列であるから逆行列を求めることは容易で，(1.3.1) によって

$$P^{-1} = \frac{1}{\frac{3}{2}} \begin{pmatrix} 1 & \frac{1}{2} \\ -1 & 1 \end{pmatrix} = \begin{pmatrix} \frac{2}{3} & \frac{1}{3} \\ -\frac{2}{3} & \frac{2}{3} \end{pmatrix}$$

となる．$P^{-1}AP$ を計算すると

$$P^{-1}AP = \begin{pmatrix} \frac{2}{3} & \frac{1}{3} \\ -\frac{2}{3} & \frac{2}{3} \end{pmatrix} \begin{pmatrix} 3 & -2 \\ -4 & 5 \end{pmatrix} \begin{pmatrix} 1 & -\frac{1}{2} \\ 1 & 1 \end{pmatrix} = \begin{pmatrix} 1 & \\ & 7 \end{pmatrix}$$

と対角化された．★

問題 **3.2.3**　次の行列 A および B を対角化する行列 P をそれぞれ求めて対角化せよ．

$$A = \begin{pmatrix} 3 & -4 \\ -2 & 1 \end{pmatrix}, \quad B = \begin{pmatrix} \frac{1}{3} & \frac{2}{3} \\ \frac{1}{4} & \frac{3}{4} \end{pmatrix}$$

例題 3.2.4

次の行列を対角化する行列 P を求めて対角化せよ．

$$A = \begin{pmatrix} 5 & 7 & -5 \\ 0 & 4 & -1 \\ 2 & 8 & -3 \end{pmatrix}$$

【解答】　まず固有値を求めよう．固有多項式は

$$\varphi_A(\lambda) = \left|\lambda E_3 - A\right| = \begin{vmatrix} \lambda - 5 & -7 & 5 \\ 0 & \lambda - 4 & 1 \\ -2 & -8 & \lambda + 3 \end{vmatrix}$$

1 列目で展開すると

$$= (\lambda - 5) \begin{vmatrix} \lambda - 4 & 1 \\ -8 & \lambda + 3 \end{vmatrix} - 2 \begin{vmatrix} -7 & 5 \\ \lambda - 4 & 1 \end{vmatrix} = \lambda^3 - 6\lambda^2 + 11\lambda - 6$$

$\varphi_A(1) = 0$ に注意すれば，因数定理と多項式の割り算によって

$$\varphi_A(\lambda) = (\lambda - 1)(\lambda - 2)(\lambda - 3)$$

と因数分解できる．よって A の固有値は 1 と 2 および 3 である．これらはすべて異なるので定理 3.2.1 によって対角化可能である．1 に属する固有ベクトルは

$$E_3 - A = \begin{pmatrix} -4 & -7 & 5 \\ 0 & -3 & 1 \\ -2 & -8 & 4 \end{pmatrix}$$

を簡約すればよい．1 行目と 3 行目を入れ替えて

$$\begin{pmatrix} -2 & -8 & 4 \\ 0 & -3 & 1 \\ -4 & -7 & 5 \end{pmatrix}$$

3 行目に 1 行目の -2 倍を加えて

$$\begin{pmatrix} -2 & -8 & 4 \\ & -3 & 1 \\ & 9 & -3 \end{pmatrix}$$

3 行目に 2 行目の 3 倍を加えて

$$\begin{pmatrix} -2 & -8 & 4 \\ & -3 & 1 \\ & & \end{pmatrix}$$

1 行目を $-\frac{1}{2}$ 倍，2 行目を $-\frac{1}{3}$ 倍して

$$\begin{pmatrix} 1 & 4 & -2 \\ & 1 & -\frac{1}{3} \\ & & \end{pmatrix}$$

1 行目に 2 行目の -4 倍を加えて

$$\begin{pmatrix} 1 & 0 & -\frac{2}{3} \\ & 1 & -\frac{1}{3} \\ & & \end{pmatrix}$$

よって $\big(E_3 - A\big)\boldsymbol{x} = \boldsymbol{0}$ の解は，c を実数として

$$\boldsymbol{x} = \begin{pmatrix} x_1 \\ x_2 \\ x_3 \end{pmatrix} = c \begin{pmatrix} \frac{2}{3} \\ \frac{1}{3} \\ 1 \end{pmatrix}$$

である．次に

$$2E_3 - A = \begin{pmatrix} -3 & -7 & 5 \\ 0 & -2 & 1 \\ -2 & -8 & 5 \end{pmatrix}$$

を簡約して 2 に属する固有ベクトルを求める．1 行目と 3 行目を入れ替えて

$$\begin{pmatrix} -2 & -8 & 5 \\ 0 & -2 & 1 \\ -3 & -7 & 5 \end{pmatrix}$$

3 行目に 1 行目の $-\frac{3}{2}$ 倍を加えて

$$\begin{pmatrix} -2 & -8 & 5 \\ & -2 & 1 \\ & 5 & -\frac{5}{2} \end{pmatrix}$$

3 行目に 2 行目の $\frac{5}{2}$ 倍を加えて

$$\begin{pmatrix} -2 & -8 & 5 \\ & -2 & 1 \\ & & \end{pmatrix}$$

1 行目に 2 行目の -4 倍を加えて

$$\begin{pmatrix} -2 & & 1 \\ & -2 & 1 \\ & & \end{pmatrix}$$

1 行目と 2 行目を $-\frac{1}{2}$ 倍して

$$\begin{pmatrix} 1 & & -\frac{1}{2} \\ & 1 & -\frac{1}{2} \\ & & \end{pmatrix}$$

よって $\bigl(2E_3 - A\bigr)\boldsymbol{x} = \boldsymbol{0}$ の解は，c を実数として

$$\boldsymbol{x} = \begin{pmatrix} x_1 \\ x_2 \\ x_3 \end{pmatrix} = c \begin{pmatrix} \frac{1}{2} \\ \frac{1}{2} \\ 1 \end{pmatrix}$$

である．最後に 3 に属する固有ベクトルを求めよう．

$$3E_3 - A = \begin{pmatrix} -2 & -7 & 5 \\ 0 & -1 & 1 \\ -2 & -8 & 6 \end{pmatrix}$$

3 行目に 1 行目の -1 倍を加えて

$$\begin{pmatrix} -2 & -7 & 5 \\ & -1 & 1 \\ & -1 & 1 \end{pmatrix}$$

3 行目に 2 行目の -1 倍を加えて

$$\begin{pmatrix} -2 & -7 & 5 \\ & -1 & 1 \\ & & \end{pmatrix}$$

1 行目に 2 行目の -7 倍を加えて

$$\begin{pmatrix} -2 & & -2 \\ & -1 & 1 \\ & & \end{pmatrix}$$

1 行目を $-\frac{1}{2}$ 倍，2 行目を -1 倍して

$$\begin{pmatrix} 1 & & 1 \\ & 1 & -1 \\ & & \end{pmatrix}$$

$\bigl(3E_3 - A\bigr)\boldsymbol{x} = \boldsymbol{0}$ の解は，c を実数として

$$\boldsymbol{x} = \begin{pmatrix} x_1 \\ x_2 \\ x_3 \end{pmatrix} = c \begin{pmatrix} -1 \\ 1 \\ 1 \end{pmatrix}$$

となる．定理 3.2.1 に従って行列 P を定めるが，各成分の分数が煩わしいので，適当にスカラー倍しておく．

$$P = \begin{pmatrix} 2 & 1 & -1 \\ 1 & 1 & 1 \\ 3 & 2 & 1 \end{pmatrix}$$

としよう．さて，A を対角化するには P の逆行列が必要となる．3 次正方行列なので P^{-1} を求めること自体は可能であるが，実際に求める必要があるのであろうか．例題 3.2.2 やそのすぐ下の問題 3.2.3 を解くことで，固有値と固有ベクトルおよび対角化の関係にお気づきの読者がいるかもしれない．A の対角化の結果は P を構成する固有ベクトルの順番に従い，その対角成分には固有値そのものが現れる．今の例題の場合は

$$P^{-1}AP = \begin{pmatrix} 1 & & \\ & 2 & \\ & & 3 \end{pmatrix}$$

となり，わざわざ P^{-1} を求めることなく対角化を結論づけることができる．今の事実は一般の場合も含めて後ほど述べることとする（定理 3.2.11）．★

問題 **3.2.5**　次の行列 A と B を対角化する行列 P をそれぞれ求めて対角化せよ．

$$A = \begin{pmatrix} -2 & -1 & 0 \\ 1 & -5 & 1 \\ 0 & -1 & -2 \end{pmatrix}, \quad B = \begin{pmatrix} 7 & 6 & 3 \\ -4 & -3 & -3 \\ 3 & -3 & 4 \end{pmatrix}$$

それでは，一般の場合，つまり固有方程式が重解を持つ場合の対角化について述べる．定理の主張が若干長いので，対角化可能性と P の構成を 2 つの定理に分けることとする．

定理 3.2.6　n 次正方行列 A の相異なる固有値を $\lambda_1, \ldots, \lambda_k$ として，$d_A(\lambda_j)$（$j = 1, \ldots, k$）を斉次連立 1 次方程式 $(\lambda_j E_n - A)\boldsymbol{x} = \mathbf{0}$ の解において必要となる任意定数の個数とする．このとき，A が対角化可能であるための必要十分条件は

$$d_A(\lambda_1) + \cdots + d_A(\lambda_k) = n$$

である．

定理 3.2.6 における $d_A(\lambda_j)$ は

$$d_A(\lambda_j) = n - \mathrm{rank}\bigl(\lambda_j E_n - A\bigr)$$

としても同じである．連立 1 次方程式の解法の仕組みを思い出して頂きたい．

続いて次の定理が P の構成方法である．固有ベクトルを並べて作られるという点では，固有値がすべて単解（重解ではない）の場合とさほど違いはない．

定理 3.2.7　n 次正方行列 A が対角化可能とする．このとき，互いが互いの定数倍とはならない n 個の固有ベクトル $\boldsymbol{x}_1, \ldots, \boldsymbol{x}_n$ が取れて，行列 P を

$$P = \bigl(\boldsymbol{x}_1 \ \cdots \ \boldsymbol{x}_n\bigr)$$

で定めると P は正則行列となり，この P によって A は対角化される．

例題 3.2.8

次の行列の対角化可能性を調べよ．もし対角化可能であるならその行列を対角化する行列を求めて対角化せよ．

$$A = \begin{pmatrix} 1 & 2 & 2 \\ 1 & 0 & 1 \\ 2 & 2 & 1 \end{pmatrix}, \quad B = \begin{pmatrix} 0 & 3 & -2 \\ 1 & -1 & 3 \\ -2 & 3 & 0 \end{pmatrix}$$

【解答】　固有値は例題 3.1.6，固有ベクトルは例題 3.1.11 および例題 3.1.12 で求めてある．まず A であるが，固有値は 4 と -1 で，斉次連立 1 次方程式

$$\bigl(4E_3 - A\bigr)\boldsymbol{x} = \boldsymbol{0}$$

の解は，c を実数として

$$\boldsymbol{x} = \begin{pmatrix} x_1 \\ x_2 \\ x_3 \end{pmatrix} = c \begin{pmatrix} 1 \\ \frac{1}{2} \\ 1 \end{pmatrix}$$

であった．よって $d_A(4) = 1$ である．一方，

$$\bigl(-E_3 - A\bigr)\boldsymbol{x} = \boldsymbol{0}$$

の解は，c_1 および c_2 を実数として

$$\boldsymbol{x} = \begin{pmatrix} x_1 \\ x_2 \\ x_3 \end{pmatrix} = c_1 \begin{pmatrix} -1 \\ 1 \\ 0 \end{pmatrix} + c_2 \begin{pmatrix} -1 \\ 0 \\ 1 \end{pmatrix}$$

であったので $d_A(-1) = 2$ となる．

$$d_A(4) + d_A(-1) = 1 + 2 = 3$$

であるから定理 3.2.6 によって A は対角化可能であることが分かる．A を対角化する行列 P は，定理 3.2.7 に従って

$$P = \begin{pmatrix} 2 & -1 & -1 \\ 1 & 1 & 0 \\ 2 & 0 & 1 \end{pmatrix}$$

とすればよい．対角化の結果は，例題 3.2.4 の解答の最後でも述べたように，P の逆行列を実際に求めて計算する必要はない．この場合も固有ベクトルの順序通りに対角成分に固有値が並ぶ．すなわち

$$P^{-1}AP = \begin{pmatrix} 4 & & \\ & -1 & \\ & & -1 \end{pmatrix}$$

である．次に B を考えよう．固有値は 2 と -5 であり，斉次連立 1 次方程式 $\bigl(2E_3 - B\bigr)\boldsymbol{x} = \boldsymbol{0}$ の解は

$$\boldsymbol{x} = \begin{pmatrix} x_1 \\ x_2 \\ x_3 \end{pmatrix} = c \begin{pmatrix} 1 \\ \frac{4}{3} \\ 1 \end{pmatrix}$$

$\bigl(-5E_3 - B\bigr)\boldsymbol{x} = \boldsymbol{0}$ の解は

$$\boldsymbol{x} = \begin{pmatrix} x_1 \\ x_2 \\ x_3 \end{pmatrix} = c \begin{pmatrix} 1 \\ -1 \\ 1 \end{pmatrix}$$

であった．よって

$$d_B(2) + d_B(-5) = 1 + 1 = 2$$

で 3 に届かない．定理 3.2.6 により B は対角化不可能である．★

今の例題 3.2.8 を振り返ってみよう．A は対角化可能であったが B は対角化不可能であった．その違いはどこにあるのであろうか．ポイントは重解となっている固有値に属する固有ベクトルにある．A の固有値 -1 は重解ではあるものの異なる固有ベクトルが 2 種類取れているため，P を正則行列として構成できた．一方，B の固有値 2 は重解にもかかわらず固有ベクトルは 1 種類しか取れないため，正則行列 P を作ることができないのである．定理 3.2.6 にある斉次連立 1 次方程式の任意定数の個数の条件は，固有ベクトルの（本質的な）個数を保証している．

また定理 3.2.6 と定理 3.2.7 はもちろん定理 3.2.1 を含んでいることに注意しておく．実際，もし A の n 個の固有値 $\lambda_1, \ldots, \lambda_n$ がすべて異なれば

$$d_A(\lambda_1) = \cdots = d_A(\lambda_n) = 1$$

であるから

$$d_A(\lambda_1) + \cdots + d_A(\lambda_n) = n$$

となるのは明らかである．

もう 1 つ例題を与え，対角化の計算をお見せしておこう．

例題 3.2.9

次の行列 A の対角化可能性を調べよ．もし対角化可能であるなら対角化する行列を求めて対角化せよ．

$$A = \begin{pmatrix} 0 & 1 & 2 \\ -2 & -3 & -2 \\ 2 & 1 & 0 \end{pmatrix}$$

【解答】　固有多項式は

$$\begin{aligned} \varphi_A(\lambda) &= \left|\lambda E_3 - A\right| \\ &= \begin{vmatrix} \lambda & -1 & -2 \\ 2 & \lambda + 3 & 2 \\ -2 & -1 & \lambda \end{vmatrix} \end{aligned}$$

3 行目に 2 行目の 1 倍を加えて

$$= \begin{vmatrix} \lambda & -1 & -2 \\ 2 & \lambda+3 & 2 \\ & \lambda+2 & \lambda+2 \end{vmatrix}$$

3 行目が $\lambda+2$ を共通因子に持つので

$$= (\lambda+2) \begin{vmatrix} \lambda & -1 & -2 \\ 2 & \lambda+3 & 2 \\ & 1 & 1 \end{vmatrix}$$

3 行目で展開すると

$$= (\lambda+2) \left\{ - \begin{vmatrix} \lambda & -2 \\ 2 & 2 \end{vmatrix} + \begin{vmatrix} \lambda & -1 \\ 2 & \lambda+3 \end{vmatrix} \right\} = (\lambda+2)^2(\lambda-1)$$

よって A の固有値は -2 と 1 である．重解となっている -2 に属する固有ベクトルから調べよう．

$$-2E_3 - A = \begin{pmatrix} -2 & -1 & -2 \\ 2 & 1 & 2 \\ -2 & -1 & -2 \end{pmatrix}$$

2 行目に 1 行目の 1 倍を，3 行目に 1 行目の -1 倍をそれぞれ加えて

$$\begin{pmatrix} -2 & -1 & -2 \\ & & \\ & & \end{pmatrix}$$

1 行目を $-\frac{1}{2}$ 倍して

$$\begin{pmatrix} 1 & \frac{1}{2} & 1 \\ & & \\ & & \end{pmatrix}$$

よって $\left(-2E_3 - A\right)\boldsymbol{x} = \boldsymbol{0}$ の解は，c_1 および c_2 を実数として

$$\boldsymbol{x} = \begin{pmatrix} x_1 \\ x_2 \\ x_3 \end{pmatrix} = c_1 \begin{pmatrix} -\frac{1}{2} \\ 1 \\ 0 \end{pmatrix} + c_2 \begin{pmatrix} -1 \\ 0 \\ 1 \end{pmatrix}$$

となる．今の計算から $d_A(-2)=2$ であるから，この時点で A が対角化可能であることは分かる．実際，$d_A(1)=1$ は確定しており，

$$d_A(-2)+d_A(1)=3$$

となる．次に 1 に属する固有ベクトルを求める．

$$E_3-A=\begin{pmatrix}1 & -1 & -2\\ 2 & 4 & 2\\ -2 & -1 & 1\end{pmatrix}$$

2 行目に 1 行目の -2 倍を，3 行目に 1 行目の 2 倍をそれぞれ加えて

$$\begin{pmatrix}1 & -1 & -2\\ & 6 & 6\\ & -3 & -3\end{pmatrix}$$

3 行目に 2 行目の $\frac{1}{2}$ 倍を加えて

$$\begin{pmatrix}1 & -1 & -2\\ & 6 & 6\\ & & \end{pmatrix}$$

2 行目を $\frac{1}{6}$ 倍して

$$\begin{pmatrix}1 & -1 & -2\\ & 1 & 1\\ & & \end{pmatrix}$$

2 行目の 1 倍を 1 行目に加えて

$$\begin{pmatrix}1 & 0 & -1\\ & 1 & 1\\ & & \end{pmatrix}$$

よって $\bigl(E_3-A\bigr)\boldsymbol{x}=\boldsymbol{0}$ の解は，c を実数として

$$\boldsymbol{x}=\begin{pmatrix}x_1\\ x_2\\ x_3\end{pmatrix}=c\begin{pmatrix}1\\ -1\\ 1\end{pmatrix}$$

である．以上により

$$P = \begin{pmatrix} -1 & -1 & 1 \\ 2 & 0 & -1 \\ 0 & 1 & 1 \end{pmatrix}$$

によって

$$P^{-1}AP = \begin{pmatrix} -2 & & \\ & -2 & \\ & & 1 \end{pmatrix}$$

と対角化されることが分かった．★

問題 **3.2.10** 次の行列の対角化可能性を調べよ．もし対角化可能であるならその行列を対角化する行列を求めて対角化せよ．

$$A = \begin{pmatrix} 1 & 0 & -1 \\ 1 & 2 & 1 \\ 2 & 2 & 1 \end{pmatrix}, \quad B = \begin{pmatrix} -5 & 4 & 8 \\ -2 & 1 & 4 \\ -2 & 2 & 3 \end{pmatrix}$$

これまで当然のことのように使ってきた次の主張を定理として述べておきたい．

定理 3.2.11 n 次正方行列 A は対角化可能とする．A の n 個の固有値を $\lambda_1, \ldots, \lambda_n$ として，固有方程式の重解となる固有値があれば，それらは異なるものとして n 個とみなす．さらに，各固有値に属する固有ベクトルを $\boldsymbol{x}_1, \ldots, \boldsymbol{x}_n$ とすると，$A\boldsymbol{x}_j = \lambda_j \boldsymbol{x}_j$ （$j = 1, \ldots, n$）であり

$$P = \begin{pmatrix} \boldsymbol{x}_1 & \cdots & \boldsymbol{x}_n \end{pmatrix}$$

は正則行列として選ぶことができる．A は P を用いることで

$$P^{-1}AP = \begin{pmatrix} \lambda_1 & & \\ & \ddots & \\ & & \lambda_n \end{pmatrix}$$

と対角化される．

なぜ固有ベクトルの順番通りに固有値が並ぶのであろうか．実は以下の計算でその理由はすぐに分かる．簡単のため $n=3$ としておこう．

$$\begin{aligned}
AP &= A(\boldsymbol{x}_1\ \boldsymbol{x}_2\ \boldsymbol{x}_3)\\
&= (A\boldsymbol{x}_1\ A\boldsymbol{x}_2\ A\boldsymbol{x}_3)\\
&= (\lambda_1\boldsymbol{x}_1\ \lambda_2\boldsymbol{x}_2\ \lambda_3\boldsymbol{x}_3)\\
&= (\boldsymbol{x}_1\ \boldsymbol{x}_2\ \boldsymbol{x}_3)\begin{pmatrix}\lambda_1 & & \\ & \lambda_2 & \\ & & \lambda_3\end{pmatrix}\\
&= P\begin{pmatrix}\lambda_1 & & \\ & \lambda_2 & \\ & & \lambda_3\end{pmatrix}
\end{aligned}$$

仮定より A が対角化可能であるから P は正則行列である．よって，両辺に左から逆行列 P^{-1} を掛けると

$$P^{-1}AP = \begin{pmatrix}\lambda_1 & & \\ & \lambda_2 & \\ & & \lambda_3\end{pmatrix} \tag{3.2.1}$$

が得られるのである．

ところで，正方行列 A が対角化可能であれば例題 1.3.4 と同様にして A^n が計算できることに注意しよう．例えば (3.2.1) の場合

$$P^{-1}A^nP = (P^{-1}AP)^n = \begin{pmatrix}\lambda_1^n & & \\ & \lambda_2^n & \\ & & \lambda_3^n\end{pmatrix} \tag{3.2.2}$$

となる．具体的には章末の演習問題 3.2 と 3.3 を計算して頂きたい．

問題 3.2.12 問題 3.1.7 の行列 A と B および問題 3.1.13 の行列 A と B について，それぞれ対角化可能性を調べよ．また，対角化可能であるならばその行列を対角化する行列を求めて対角化せよ．

3.3　直交行列による対称行列の対角化

対称行列という行列は対角化に関していくつかの際立った特徴を持つ．本節では，内積を導入して，2次および3次の対称行列を直交行列（この行列もある意味で扱いやすい）を用いて対角化する計算方法を説明しよう．

内積とノルム　2つの n 次列ベクトル

$$\boldsymbol{x} = \begin{pmatrix} x_1 \\ \vdots \\ x_n \end{pmatrix}, \quad \boldsymbol{y} = \begin{pmatrix} y_1 \\ \vdots \\ y_n \end{pmatrix}$$

に対して，次の値

$$\langle \boldsymbol{x}, \boldsymbol{y} \rangle = x_1 y_1 + \cdots + x_n y_n$$

を $\boldsymbol{x}$ と $\boldsymbol{y}$ によって定まる**内積**という．また，値

$$\|\boldsymbol{x}\| = \sqrt{\langle \boldsymbol{x}, \boldsymbol{x} \rangle}$$

を $\boldsymbol{x}$ の**ノルム**という．

ノルムはベクトルの長さを表す．$n = 2$ や $n = 3$ の場合を考えれば，三平方の定理から長さを意味することは明らかであろう．つまりノルムは長さを次元 n へと一般化したものである．

正規直交系　r 個（$r = 1, \ldots, n$）の n 次列ベクトル $\boldsymbol{x}_1, \ldots, \boldsymbol{x}_r$ が

$$\langle \boldsymbol{x}_j, \boldsymbol{x}_k \rangle = \begin{cases} 1 & j = k \\ 0 & j \neq k \end{cases}$$

をみたすとき，これらのベクトルの組 $\boldsymbol{x}_1, \ldots, \boldsymbol{x}_r$ を**正規直交系**という．

少し説明を加えよう．$j = k$，つまり番号が同じ場合は内積が1になるというのは，そのベクトルの長さが1であることを意味している．例えば $j = k = 1$ のとき

$$\|\boldsymbol{x}_1\| = \sqrt{\langle \boldsymbol{x}_1, \boldsymbol{x}_1 \rangle} = 1$$

であるから，確かに $\boldsymbol{x}_1$ の長さは1である．一方 $j \neq k$，つまり番号が異なる場合は内積が0となるというのは，それらの2つのベクトルが直角に交わることを

意味している．内積が 0 であることと直交することが同値であることは $n=2$ の場合はほぼ自明であろう．一般の n の場合は内積が 0 で直交を定義すると思っても差し支えない．また $r>n$ となるような正規直交系 $\boldsymbol{x}_1,\ldots,\boldsymbol{x}_r$ はあり得ない．これも $n=2$ の場合なら，平面上に直交するベクトルを 3 つ選ぶことができないことは容易に想像できよう．2 次の正規直交系の例としては，例えば

$$\boldsymbol{x}_1=\begin{pmatrix}\frac{1}{\sqrt{2}}\\ \frac{1}{\sqrt{2}}\end{pmatrix},\quad \boldsymbol{x}_2=\begin{pmatrix}\frac{1}{\sqrt{2}}\\ -\frac{1}{\sqrt{2}}\end{pmatrix}$$

がある．また 3 次の基本ベクトル

$$\boldsymbol{e}_1=\begin{pmatrix}1\\0\\0\end{pmatrix},\quad \boldsymbol{e}_2=\begin{pmatrix}0\\1\\0\end{pmatrix},\quad \boldsymbol{e}_3=\begin{pmatrix}0\\0\\1\end{pmatrix}$$

も明らかに正規直交系である．他の例として

$$\boldsymbol{x}_1=\begin{pmatrix}\frac{1}{\sqrt{2}}\\ \frac{1}{\sqrt{2}}\\ 0\end{pmatrix},\quad \boldsymbol{x}_2=\begin{pmatrix}\frac{1}{\sqrt{3}}\\ -\frac{1}{\sqrt{3}}\\ \frac{1}{\sqrt{3}}\end{pmatrix},\quad \boldsymbol{x}_3=\begin{pmatrix}-\frac{1}{\sqrt{6}}\\ \frac{1}{\sqrt{6}}\\ \frac{2}{\sqrt{6}}\end{pmatrix} \tag{3.3.1}$$

をあげておく．これらが正規直交系であることは各自で確かめられたい．

次に，与えられたベクトルから正規直交系を作ることを考えよう．1 つのベクトル $\boldsymbol{x}\neq\boldsymbol{0}$ を正規直交化するのは容易である．1 つだけであるから，長さを 1 にすればよい．すなわち

$$\frac{\boldsymbol{x}}{\|\boldsymbol{x}\|}$$

は正規直交系をなす．それでは 2 つ以上のベクトルが与えられた場合はどのようにすればよいのであろうか．一般の場合は**シュミット（Schmidt）の直交化法**と呼ばれる方法によって作ることができる．本書では与えられたベクトルが 2 つの場合のシュミットの直交化法を述べておこう．

定理 3.3.1 2つの n 次列ベクトル $\boldsymbol{x}_1$ と $\boldsymbol{x}_2$ が互いにスカラー倍の関係ではないとき，以下の方法で $\boldsymbol{y}_1$ と $\boldsymbol{y}_2$ へと正規直交化できる．まず

$$\boldsymbol{y}_1 = \frac{\boldsymbol{x}_1}{\|\boldsymbol{x}_1\|}$$

とおく．次にベクトル $\boldsymbol{x}_2'$ を以下で定めて

$$\boldsymbol{x}_2' = \boldsymbol{x}_2 - \langle \boldsymbol{x}_2, \boldsymbol{y}_1 \rangle \boldsymbol{y}_1$$

さらに

$$\boldsymbol{y}_2 = \frac{\boldsymbol{x}_2'}{\|\boldsymbol{x}_2'\|}$$

とおけばよい．

例題 3.3.2

以下の2つのベクトルを正規直交化せよ．

$$\boldsymbol{x}_1 = \begin{pmatrix} 1 \\ 2 \\ 3 \end{pmatrix}, \quad \boldsymbol{x}_2 = \begin{pmatrix} 1 \\ 1 \\ 3 \end{pmatrix}$$

【解答】 定理 3.3.1 に従って計算する．$\|\boldsymbol{x}_1\| = \sqrt{14}$ であるから

$$\boldsymbol{y}_1 = \frac{\boldsymbol{x}_1}{\|\boldsymbol{x}_1\|} = \begin{pmatrix} \frac{1}{\sqrt{14}} \\ \frac{2}{\sqrt{14}} \\ \frac{3}{\sqrt{14}} \end{pmatrix}$$

とおく．

$$\begin{aligned} \boldsymbol{x}_2' &= \boldsymbol{x}_2 - \langle \boldsymbol{x}_2, \boldsymbol{y}_1 \rangle \boldsymbol{y}_1 \\ &= \begin{pmatrix} 1 \\ 1 \\ 3 \end{pmatrix} - \left\langle \begin{pmatrix} 1 \\ 1 \\ 3 \end{pmatrix}, \begin{pmatrix} \frac{1}{\sqrt{14}} \\ \frac{2}{\sqrt{14}} \\ \frac{3}{\sqrt{14}} \end{pmatrix} \right\rangle \begin{pmatrix} \frac{1}{\sqrt{14}} \\ \frac{2}{\sqrt{14}} \\ \frac{3}{\sqrt{14}} \end{pmatrix} = \begin{pmatrix} \frac{1}{7} \\ -\frac{5}{7} \\ \frac{3}{7} \end{pmatrix} \end{aligned}$$

となる．$\boldsymbol{x}_2'$ のノルムは $\|\boldsymbol{x}_2'\| = \sqrt{\frac{5}{7}}$ であるから

$$\boldsymbol{y}_2 = \frac{\boldsymbol{x}_2'}{\|\boldsymbol{x}_2'\|} = \begin{pmatrix} \frac{1}{\sqrt{35}} \\ -\frac{5}{\sqrt{35}} \\ \frac{3}{\sqrt{35}} \end{pmatrix}$$

とおけば $\boldsymbol{y}_1$, $\boldsymbol{y}_2$ は正規直交系をなす．どちらのベクトルを $\boldsymbol{y}_1$ とするかで結果が変わることに注意しておく．もちろん $\boldsymbol{x}_2$ から $\boldsymbol{y}_1$ を作ってもよい．それは問題としよう．★

問題 3.3.3　例題 3.3.2 のベクトル $\boldsymbol{x}_1$, $\boldsymbol{x}_2$ に対して，$\boldsymbol{x}_2$ から始めて正規直交系 $\boldsymbol{y}_1$, $\boldsymbol{y}_2$ を作れ．

問題 3.3.4　以下の 2 つのベクトル から定理 3.3.1 を用いて正規直交系 $\boldsymbol{y}_1$, $\boldsymbol{y}_2$ を作れ．ただし $\boldsymbol{x}_1$ を $\boldsymbol{y}_1$ として始めること．

(1)　$\boldsymbol{x}_1 = \begin{pmatrix} 1 \\ -1 \\ 2 \end{pmatrix}, \boldsymbol{x}_2 = \begin{pmatrix} 2 \\ -1 \\ 2 \end{pmatrix}$　　(2)　$\boldsymbol{x}_1 = \begin{pmatrix} 3 \\ 3 \\ -2 \end{pmatrix}, \boldsymbol{x}_2 = \begin{pmatrix} -1 \\ -1 \\ 2 \end{pmatrix}$

直交行列　n 次正方行列 A を

$$A = \begin{pmatrix} \boldsymbol{a}_1 & \cdots & \boldsymbol{a}_n \end{pmatrix}$$

と列ベクトル表記する．その列ベクトル $\boldsymbol{a}_1, \ldots, \boldsymbol{a}_n$ が正規直交系をなすとき，A を**直交行列**という．

(3.3.1) によれば

$$\boldsymbol{x}_1 = \begin{pmatrix} \frac{1}{\sqrt{2}} \\ \frac{1}{\sqrt{2}} \\ 0 \end{pmatrix}, \quad \boldsymbol{x}_2 = \begin{pmatrix} \frac{1}{\sqrt{3}} \\ -\frac{1}{\sqrt{3}} \\ \frac{1}{\sqrt{3}} \end{pmatrix}, \quad \boldsymbol{x}_3 = \begin{pmatrix} -\frac{1}{\sqrt{6}} \\ \frac{1}{\sqrt{6}} \\ \frac{2}{\sqrt{6}} \end{pmatrix}$$

は正規直交系であるから

$$A = \begin{pmatrix} \boldsymbol{x}_1 & \boldsymbol{x}_2 & \boldsymbol{x}_3 \end{pmatrix} = \begin{pmatrix} \frac{1}{\sqrt{2}} & \frac{1}{\sqrt{3}} & -\frac{1}{\sqrt{6}} \\ \frac{1}{\sqrt{2}} & -\frac{1}{\sqrt{3}} & \frac{1}{\sqrt{6}} \\ 0 & \frac{1}{\sqrt{3}} & \frac{2}{\sqrt{6}} \end{pmatrix}$$

は直交行列である．ここで，AA^T あるいは A^TA を計算して頂きたい．実は

$$AA^T = A^T A = E_3$$

となる．

これは偶然ではない．今の例が示唆するように，直交行列の有用性は次の命題にある．

命題 3.3.5　正方行列 A が直交行列であることと

$$A^{-1} = A^T \tag{3.3.2}$$

は同値である．

この命題によれば，直交行列の逆行列を求める際には，2.3 節のように基本変形によらずとも，あるいは 2.4 節のように余因子によらずとも，転置をするだけでよいのである．これはなぜであろうか．実は，行列の積の規則と内積の定義から，すぐにその理由は分かる．A が 3 次正方行列の場合を考えよう．A の列ベクトル表記を

$$A = \begin{pmatrix} \boldsymbol{a}_1 & \boldsymbol{a}_2 & \boldsymbol{a}_3 \end{pmatrix}$$

とすれば

$$\begin{aligned} A^T A &= \begin{pmatrix} \boldsymbol{a}_1 & \boldsymbol{a}_2 & \boldsymbol{a}_3 \end{pmatrix}^T \begin{pmatrix} \boldsymbol{a}_1 & \boldsymbol{a}_2 & \boldsymbol{a}_3 \end{pmatrix} \\ &= \begin{pmatrix} \langle \boldsymbol{a}_1, \boldsymbol{a}_1 \rangle & \langle \boldsymbol{a}_1, \boldsymbol{a}_2 \rangle & \langle \boldsymbol{a}_1, \boldsymbol{a}_3 \rangle \\ \langle \boldsymbol{a}_2, \boldsymbol{a}_1 \rangle & \langle \boldsymbol{a}_2, \boldsymbol{a}_2 \rangle & \langle \boldsymbol{a}_2, \boldsymbol{a}_3 \rangle \\ \langle \boldsymbol{a}_3, \boldsymbol{a}_1 \rangle & \langle \boldsymbol{a}_3, \boldsymbol{a}_2 \rangle & \langle \boldsymbol{a}_3, \boldsymbol{a}_3 \rangle \end{pmatrix} \end{aligned}$$

と計算されるので，A が直交行列であることと

$$A^T A = E_3$$

は同値である．よって定理 2.3.6 と合わせて

$$A^{-1} = A^T$$

が分かる．(3.3.2) と直交行列の定義の同値性から，本によってはこれを直交行列の定義とするものもある．しかし，直交行列という名からは最初の定義の方が自然であろう．

対称行列　正方行列 A が

$$A^T = A$$

をみたすとき，A を**対称行列**という．

例えば

$$\begin{pmatrix} 1 & 2 & 3 \\ 2 & 5 & 4 \\ 3 & 4 & 6 \end{pmatrix}$$

は対称行列である．転置によって不変であるので，対角成分を軸として対称な形となる．対称行列という名はこのことによる．

対称行列の1つ目の顕著な特徴として，以下の定理がある．

定理 3.3.6　対称行列の固有値は実数である．

3.1 節でも述べたが，一般には固有方程式の解は複素数となる．しかし，対称行列を考える限りは複素数となってしまう心配は不要なのである．もちろん定理 3.3.6 は一般の n 次の対称行列で成り立つ事実であるが，2 次対称行列の場合は，以下のように簡単に確かめることができる．

$$A = \begin{pmatrix} a & b \\ b & c \end{pmatrix}$$

としよう．A の固有多項式は

$$\begin{aligned} \varphi_A(\lambda) &= \left|\lambda E_2 - A\right| \\ &= \begin{vmatrix} \lambda - a & -b \\ -b & \lambda - c \end{vmatrix} \\ &= \lambda^2 - (a+c)\lambda + ac - b^2 \end{aligned}$$

ここで，固有方程式 $\varphi_A(\lambda) = 0$ に対して 2 次方程式の判別式を計算してみると

$$(a+c)^2 - 4(ac - b^2) = (a-c)^2 + 4b^2 \geq 0$$

であるから，確かに固有値は実数しかあり得ない．

例題 3.3.7

以下の対称行列の固有値を求めよ．

$$A = \begin{pmatrix} 2 & -1 \\ -1 & 2 \end{pmatrix}, \quad B = \begin{pmatrix} 2 & 2 & 1 \\ 2 & 1 & 2 \\ 1 & 2 & 2 \end{pmatrix}$$

【解答】　固有値を求める方法には特に目新しいことはない．これまで通り固有方程式を解けばよい．

$$\varphi_A(\lambda) = \left|\lambda E_2 - A\right| = \begin{vmatrix} \lambda - 2 & 1 \\ 1 & \lambda - 2 \end{vmatrix} = (\lambda - 1)(\lambda - 3)$$

より A の固有値は 1 と 3 である．

$$\varphi_B(\lambda) = \left|\lambda E_3 - B\right| = \begin{vmatrix} \lambda - 2 & -2 & -1 \\ -2 & \lambda - 1 & -2 \\ -1 & -2 & \lambda - 2 \end{vmatrix}$$

2 行目に 3 行目の -2 倍を加えて

$$= \begin{vmatrix} \lambda - 2 & -2 & -1 \\ 0 & \lambda + 3 & -2\lambda + 2 \\ -1 & -2 & \lambda - 2 \end{vmatrix}$$

2 行目で展開すると

$$\begin{aligned} &= (\lambda + 3)\begin{vmatrix} \lambda - 2 & -1 \\ -1 & \lambda - 2 \end{vmatrix} + 2(\lambda - 1)\begin{vmatrix} \lambda - 2 & -2 \\ -1 & -2 \end{vmatrix} \\ &= (\lambda - 1)(\lambda + 1)(\lambda - 5) \end{aligned}$$

となるので B の固有値は ± 1 と 5 である．★

問題 **3.3.8**　以下の対称行列の固有値を求めよ．

$$A = \begin{pmatrix} \frac{1}{5} & \frac{1}{3} \\ \frac{1}{3} & \frac{1}{5} \end{pmatrix}, \quad B = \begin{pmatrix} \frac{1}{3} & -\frac{1}{3} & 1 \\ -\frac{1}{3} & 1 & -\frac{1}{3} \\ 1 & -\frac{1}{3} & \frac{1}{3} \end{pmatrix}$$

対称行列についての次の2つ目の主張が，本節で述べたかった定理である．

> **定理 3.3.9**　対称行列 A は対角化可能である．さらに，P として直交行列を選ぶことができ，$P^T AP$ は対角行列となる．

対称行列の場合は，常に定理 3.2.6 と 3.2.7 をみたし，各固有ベクトルから作られる行列 P はいつでも正則行列となる．さらに定理は，この P を直交行列にできると主張しているが，自動的に直交行列になるのではない．こちらでうまく直交行列として選べると主張している．まずは2次対称行列の場合の例を見よう．

例題 3.3.10

次の対称行列 A を直交行列を用いて対角化せよ．

$$A = \begin{pmatrix} 2 & -1 \\ -1 & 2 \end{pmatrix}$$

【解答】　例題 3.3.7 で固有値は求めてあるので，固有ベクトルを求める．

$$E_2 - A = \begin{pmatrix} -1 & 1 \\ 1 & -1 \end{pmatrix}$$

の簡約は，2行目に1行目を加えて，さらに1行目を -1 倍すればよいので

$$\begin{pmatrix} 1 & -1 \\ & \end{pmatrix}$$

である．よって斉次連立1次方程式 $\left(E_2 - A\right)\boldsymbol{x} = \boldsymbol{0}$ の解は c を実数として

$$\boldsymbol{x} = c\begin{pmatrix} 1 \\ 1 \end{pmatrix}$$

これより1に属する固有ベクトルとして

$$\boldsymbol{x}_1 = \begin{pmatrix} 1 \\ 1 \end{pmatrix}$$

が取れる．次に

$$3E_2 - A = \begin{pmatrix} 1 & 1 \\ 1 & 1 \end{pmatrix}$$

の簡約は2行目から1行目を引けばよく

$$\begin{pmatrix} 1 & 1 \\ & \end{pmatrix}$$

であるから，$(3E_2 - A)\boldsymbol{x} = \boldsymbol{0}$ の解は c を実数として

$$\boldsymbol{x} = c\begin{pmatrix} -1 \\ 1 \end{pmatrix}$$

となる．3に属する固有ベクトルとして

$$\boldsymbol{x}_1 = \begin{pmatrix} -1 \\ 1 \end{pmatrix}$$

を選ぼう．さて，これまでのように

$$P = (\boldsymbol{x}_1\ \boldsymbol{x}_2) = \begin{pmatrix} 1 & -1 \\ 1 & 1 \end{pmatrix}$$

とすると，この P によって A は対角化される．このままでは P は直交行列ではないが，よく見ると

$$\langle \boldsymbol{x}_1, \boldsymbol{x}_2 \rangle = 0$$

であり $\boldsymbol{x}_1$ と $\boldsymbol{x}_2$ は直交している．そこで，それぞれの長さを1にするため

$$\boldsymbol{y}_1 = \frac{\boldsymbol{x}_1}{\|\boldsymbol{x}_1\|}, \quad \boldsymbol{y}_2 = \frac{\boldsymbol{x}_2}{\|\boldsymbol{x}_2\|}$$

とすれば，$\boldsymbol{y}_1, \boldsymbol{y}_2$ は正規直交系をなす．よって，改めて P を

$$P = (\boldsymbol{y}_1\ \boldsymbol{y}_2) = \begin{pmatrix} \frac{1}{\sqrt{2}} & -\frac{1}{\sqrt{2}} \\ \frac{1}{\sqrt{2}} & \frac{1}{\sqrt{2}} \end{pmatrix}$$

とおけば，P は直交行列であり

$$P^T AP = \begin{pmatrix} 1 & \\ & 3 \end{pmatrix}$$

と対角化される．★

問題 3.3.11 以下の対称行列を直交行列によって対角化せよ.

$$A = \begin{pmatrix} 4 & 3 \\ 3 & 4 \end{pmatrix}, \quad B = \begin{pmatrix} 3 & -3 \\ -3 & -5 \end{pmatrix}$$

次に 3 次対称行列を直交行列で対角化することを考えたい．以下の 2 つの場合に分けて考えよう.

- 固有値がすべて異なる場合.
- 固有値の 1 つが 2 重解となる場合.

固有値が 3 重解となるときは，はじめから対角化されている行列であるから，上記の 2 つの場合を考えれば十分である.

例題 3.3.12

次の対称行列 A を直交行列を用いて対角化せよ.

$$A = \begin{pmatrix} 2 & 2 & 1 \\ 2 & 1 & 2 \\ 1 & 2 & 2 \end{pmatrix}$$

【解答】 例題 3.3.7 で固有値は求めてある．± 1 と 5 とすべて異なるのであった．1 に属する固有ベクトルを求めよう.

$$E_3 - A = \begin{pmatrix} -1 & -2 & -1 \\ -2 & 0 & -2 \\ -1 & -2 & -1 \end{pmatrix}$$

2 行目に 1 行目の -2 倍を，3 行目に 1 行目の -1 倍をそれぞれ加えて

$$\begin{pmatrix} -1 & -2 & -1 \\ & 4 & 0 \\ & & \end{pmatrix}$$

1 行目を -1 倍，2 行目を $\frac{1}{4}$ 倍して

$$\begin{pmatrix} 1 & 2 & 1 \\ & 1 & 0 \\ & & \end{pmatrix}$$

1行目に2行目の -2 倍を加えて

$$\begin{pmatrix} 1 & 0 & 1 \\ & 1 & 0 \\ & & \end{pmatrix}$$

と簡約できた．$(E_3 - A)\boldsymbol{x} = \mathbf{0}$ の解は c を実数として

$$\boldsymbol{x} = \begin{pmatrix} x_1 \\ x_2 \\ x_3 \end{pmatrix} = c \begin{pmatrix} -1 \\ 0 \\ 1 \end{pmatrix}$$

である．次に -1 に属する固有ベクトルを求める．

$$-E_3 - A = \begin{pmatrix} -3 & -2 & -1 \\ -2 & -2 & -2 \\ -1 & -2 & -3 \end{pmatrix}$$

1行目と3行目を入れ替えて

$$\begin{pmatrix} -1 & -2 & -3 \\ -2 & -2 & -2 \\ -3 & -2 & -1 \end{pmatrix}$$

2行目に1行目の -2 倍を，3行目に1行目の -3 倍をそれぞれ加えて

$$\begin{pmatrix} -1 & -2 & -3 \\ & 2 & 4 \\ & 4 & 8 \end{pmatrix}$$

3行目に2行目の -2 倍を加えて

$$\begin{pmatrix} -1 & -2 & -3 \\ & 2 & 4 \\ & & \end{pmatrix}$$

1行目を -1 倍，2行目を $\frac{1}{2}$ 倍して

$$\begin{pmatrix} 1 & 2 & 3 \\ & 1 & 2 \\ & & \end{pmatrix}$$

1 行目に 2 行目の -2 倍を加えて

$$\begin{pmatrix} 1 & 0 & -1 \\ & 1 & 2 \\ & & \end{pmatrix}$$

これより，$\big(-E_3 - A\big)\boldsymbol{x} = \boldsymbol{0}$ の解は c を実数として

$$\boldsymbol{x} = \begin{pmatrix} x_1 \\ x_2 \\ x_3 \end{pmatrix} = c \begin{pmatrix} 1 \\ -2 \\ 1 \end{pmatrix}$$

となる．最後に 5 に属する固有ベクトルを求める．

$$5E_3 - A = \begin{pmatrix} 3 & -2 & -1 \\ -2 & 4 & -2 \\ -1 & -2 & 3 \end{pmatrix}$$

1 行目と 3 行目を入れ替えて

$$\begin{pmatrix} -1 & -2 & 3 \\ -2 & 4 & -2 \\ 3 & -2 & -1 \end{pmatrix}$$

2 行目に 1 行目の -2 倍を，3 行目に 1 行目の 3 倍をそれぞれ加えて

$$\begin{pmatrix} -1 & -2 & 3 \\ & 8 & -8 \\ & -8 & 8 \end{pmatrix}$$

3 行目に 2 行目の 1 倍を加えて

$$\begin{pmatrix} -1 & -2 & 3 \\ & 8 & -8 \\ & & \end{pmatrix}$$

1 行目を -1 倍，2 行目を $\frac{1}{8}$ 倍して

$$\begin{pmatrix} 1 & 2 & -3 \\ & 1 & -1 \\ & & \end{pmatrix}$$

1行目に2行目の -2 倍を加えて

$$\begin{pmatrix} 1 & 0 & -1 \\ & 1 & -1 \\ & & \end{pmatrix}$$

よって，$\bigl(5E_3 - A\bigr)\boldsymbol{x} = \boldsymbol{0}$ の解は c を実数として

$$\boldsymbol{x} = \begin{pmatrix} x_1 \\ x_2 \\ x_3 \end{pmatrix} = c\begin{pmatrix} 1 \\ 1 \\ 1 \end{pmatrix}$$

である．それぞれ固有ベクトルとして

$$\boldsymbol{x}_1 = \begin{pmatrix} -1 \\ 0 \\ 1 \end{pmatrix}, \quad \boldsymbol{x}_2 = \begin{pmatrix} 1 \\ -2 \\ 1 \end{pmatrix}, \quad \boldsymbol{x}_3 = \begin{pmatrix} 1 \\ 1 \\ 1 \end{pmatrix}$$

が取れるが，このままではこれらは正規直交系をなさない．しかし，すべて互いに直交している．実際

$$\langle \boldsymbol{x}_1, \boldsymbol{x}_2 \rangle = \langle \boldsymbol{x}_2, \boldsymbol{x}_3 \rangle = \langle \boldsymbol{x}_3, \boldsymbol{x}_1 \rangle = 0$$

である．よって例題3.3.10と同様に

$$\boldsymbol{y}_1 = \frac{\boldsymbol{x}_1}{\|\boldsymbol{x}_1\|}, \quad \boldsymbol{y}_2 = \frac{\boldsymbol{x}_2}{\|\boldsymbol{x}_2\|}, \quad \boldsymbol{y}_3 = \frac{\boldsymbol{x}_3}{\|\boldsymbol{x}_3\|}$$

と長さを1に揃えれば，これらは正規直交系であるから

$$P = \bigl(\boldsymbol{y}_1\ \boldsymbol{y}_2\ \boldsymbol{y}_3\bigr) = \begin{pmatrix} -\frac{1}{\sqrt{2}} & \frac{1}{\sqrt{6}} & \frac{1}{\sqrt{3}} \\ 0 & -\frac{2}{\sqrt{6}} & \frac{1}{\sqrt{3}} \\ \frac{1}{\sqrt{2}} & \frac{1}{\sqrt{6}} & \frac{1}{\sqrt{3}} \end{pmatrix}$$

は直交行列となり，この P によって A は対角化される．

$$P^T A P = \begin{pmatrix} 1 & & \\ & -1 & \\ & & 5 \end{pmatrix} \quad \bigstar$$

問題 **3.3.13**　以下の対称行列を直交行列によって対角化せよ．

$$A = \begin{pmatrix} 1 & -1 & 2 \\ -1 & 4 & -1 \\ 2 & -1 & 1 \end{pmatrix}, \quad B = \begin{pmatrix} 2 & -3 & 1 \\ -3 & -2 & 3 \\ 1 & 3 & 2 \end{pmatrix}$$

最後に固有値の 1 つに重解が含まれる場合を扱って本節を終えたい．

例題 3.3.14

次の対称行列 A を直交行列を用いて対角化せよ．

$$A = \begin{pmatrix} -1 & 3 & 3 \\ 3 & -1 & 3 \\ 3 & 3 & -1 \end{pmatrix}$$

【解答】　固有多項式は

$$\varphi_A(\lambda) = \left|\lambda E_3 - A\right| = \begin{vmatrix} \lambda+1 & -3 & -3 \\ -3 & \lambda+1 & -3 \\ -3 & -3 & \lambda+1 \end{vmatrix}$$

3 行目に 2 行目の -1 倍を加えて

$$= \begin{vmatrix} \lambda+1 & -3 & -3 \\ -3 & \lambda+1 & -3 \\ & -\lambda-4 & \lambda+4 \end{vmatrix} = (\lambda+4) \begin{vmatrix} \lambda+1 & -3 & -3 \\ -3 & \lambda+1 & -3 \\ & -1 & 1 \end{vmatrix}$$

1 列目で展開して

$$= (\lambda+4)\left\{(\lambda+1)\begin{vmatrix} \lambda+1 & -3 \\ -1 & 1 \end{vmatrix} + 3\begin{vmatrix} -3 & -3 \\ -1 & 1 \end{vmatrix}\right\} = (\lambda+4)^2(\lambda-5)$$

となるから，固有値は -4 および 5 である．重解である -4 の固有ベクトルを調べてみよう．対称行列の対角化可能性は定理 3.3.9 によって保証されているので，$d_A(-4) = 2$ となるはずである．

$$-4E_3 - A = \begin{pmatrix} -3 & -3 & -3 \\ -3 & -3 & -3 \\ -3 & -3 & -3 \end{pmatrix}$$

簡約は計算するまでもなく

$$\begin{pmatrix} 1 & 1 & 1 \\ & & \\ & & \end{pmatrix}$$

であるから，$\bigl(-4E_3 - A\bigr)\boldsymbol{x} = \mathbf{0}$ の解は c_1 および c_2 を実数として

$$\boldsymbol{x} = \begin{pmatrix} x_1 \\ x_2 \\ x_3 \end{pmatrix} = c_1 \begin{pmatrix} -1 \\ 1 \\ 0 \end{pmatrix} + c_2 \begin{pmatrix} -1 \\ 0 \\ 1 \end{pmatrix}$$

となる．確かに

$$d_A(-4) = 2$$

である．次に 5 に属する固有ベクトルを求めると

$$5E_3 - A = \begin{pmatrix} 6 & -3 & -3 \\ -3 & 6 & -3 \\ -3 & -3 & 6 \end{pmatrix}$$

3 行目を $-\frac{1}{3}$ 倍してから，1 行目と入れ替えて

$$\begin{pmatrix} 1 & 1 & -2 \\ -3 & 6 & -3 \\ 6 & -3 & -3 \end{pmatrix}$$

2 行目に 1 行目の 3 倍を，3 行目に 1 行目の -6 倍をそれぞれ加えて

$$\begin{pmatrix} 1 & 1 & -2 \\ & 9 & -9 \\ & -9 & 9 \end{pmatrix}$$

3 行目に 2 行目の 1 倍を加えて

$$\begin{pmatrix} 1 & 1 & -2 \\ & 9 & -9 \\ & & \end{pmatrix}$$

2 行目を $\frac{1}{9}$ 倍して

$$\begin{pmatrix} 1 & 1 & -2 \\ & 1 & -1 \\ & & \end{pmatrix}$$

1 行目に 2 行目の -1 倍を加えて

$$\begin{pmatrix} 1 & 0 & -1 \\ & 1 & -1 \\ & & \end{pmatrix}$$

が簡約行列である．$\big(5E_3 - A\big)\boldsymbol{x} = \mathbf{0}$ の解は c を実数として

$$\boldsymbol{x} = \begin{pmatrix} x_1 \\ x_2 \\ x_3 \end{pmatrix} = c\begin{pmatrix} 1 \\ 1 \\ 1 \end{pmatrix}$$

となる．さて，各固有ベクトルを

$$\boldsymbol{x}_1 = \begin{pmatrix} -1 \\ 1 \\ 0 \end{pmatrix}, \quad \boldsymbol{x}_2 = \begin{pmatrix} -1 \\ 0 \\ 1 \end{pmatrix}, \quad \boldsymbol{x}_3 = \begin{pmatrix} 1 \\ 1 \\ 1 \end{pmatrix}$$

としよう．もちろんこのままでは正規直交系ではない．実際

$$\langle \boldsymbol{x}_1, \boldsymbol{x}_2 \rangle = 1$$

なので，$\boldsymbol{x}_1$ と $\boldsymbol{x}_2$ は直交していない．しかし

$$\langle \boldsymbol{x}_1, \boldsymbol{x}_3 \rangle = \langle \boldsymbol{x}_2, \boldsymbol{x}_3 \rangle = 0$$

であり，$\boldsymbol{x}_1$ と $\boldsymbol{x}_3$，$\boldsymbol{x}_2$ と $\boldsymbol{x}_3$ はそれぞれ直交している．より詳しく述べると，-4 に属する固有ベクトルは，実数 c_1 と c_2 をどのように選んでも 5 に属する固有ベクトルとは直交する．よってこれら 3 つのベクトルから正規直交系を作るには，$\boldsymbol{x}_1$ と $\boldsymbol{x}_2$ に定理 3.3.1 を用いて正規直交化し，$\boldsymbol{x}_3$ は長さを 1 にすればよいのである．まず

$$\boldsymbol{y}_1 = \frac{\boldsymbol{x}_1}{\|\boldsymbol{x}_1\|} = \begin{pmatrix} -\frac{1}{\sqrt{2}} \\ \frac{1}{\sqrt{2}} \\ 0 \end{pmatrix}$$

とおく．次に

$$\begin{aligned} \boldsymbol{x}_2' &= \boldsymbol{x}_2 - \langle \boldsymbol{x}_2, \boldsymbol{y}_1 \rangle \boldsymbol{y}_1 \\ &= \begin{pmatrix} -1 \\ 0 \\ 1 \end{pmatrix} - \left\langle \begin{pmatrix} -1 \\ 0 \\ 1 \end{pmatrix}, \begin{pmatrix} -\frac{1}{\sqrt{2}} \\ \frac{1}{\sqrt{2}} \\ 0 \end{pmatrix} \right\rangle \begin{pmatrix} -\frac{1}{\sqrt{2}} \\ \frac{1}{\sqrt{2}} \\ 0 \end{pmatrix} \\ &= \begin{pmatrix} -\frac{1}{2} \\ -\frac{1}{2} \\ 1 \end{pmatrix} \end{aligned}$$

で，$\boldsymbol{x}_2'$ のノルムは $\|\boldsymbol{x}_2'\| = \sqrt{\frac{3}{2}}$ であるから

$$\boldsymbol{y}_2 = \frac{\boldsymbol{x}_2'}{\|\boldsymbol{x}_2'\|} = \begin{pmatrix} -\frac{1}{\sqrt{6}} \\ -\frac{1}{\sqrt{6}} \\ \frac{2}{\sqrt{6}} \end{pmatrix}$$

とすれば $\boldsymbol{y}_1$ と $\boldsymbol{y}_2$ は正規直交系をなす．どちらも -4 に属する固有ベクトルであること，および $\boldsymbol{x}_3$ とは直交していること，この2つの性質が保たれている点がポイントである．最後に

$$\boldsymbol{y}_3 = \frac{\boldsymbol{x}_3}{\|\boldsymbol{x}_3\|} = \begin{pmatrix} \frac{1}{\sqrt{3}} \\ \frac{1}{\sqrt{3}} \\ \frac{1}{\sqrt{3}} \end{pmatrix}$$

とおくことで，$\boldsymbol{y}_1, \boldsymbol{y}_2, \boldsymbol{y}_3$ は正規直交系となり，直交行列

$$P = \begin{pmatrix} \boldsymbol{y}_1 & \boldsymbol{y}_2 & \boldsymbol{y}_3 \end{pmatrix} = \begin{pmatrix} -\frac{1}{\sqrt{2}} & -\frac{1}{\sqrt{6}} & \frac{1}{\sqrt{3}} \\ \frac{1}{\sqrt{2}} & -\frac{1}{\sqrt{6}} & \frac{1}{\sqrt{3}} \\ 0 & \frac{2}{\sqrt{6}} & \frac{1}{\sqrt{3}} \end{pmatrix}$$

によって A は

$$P^T A P = \begin{pmatrix} -4 & & \\ & -4 & \\ & & 5 \end{pmatrix}$$

と対角化される．★

今一度，例題 3.3.14 の解法を振り返っておこう．重要なのは重解に対する 2 つの固有ベクトルと単解に対する 1 つの固有ベクトルの関係である．3 次対称行列の重解の固有ベクトルは単解の固有ベクトルと必ず直交する．しかし，重解の 2 つの固有ベクトル同士はそのままでは一般には直交しない．そこでこの 2 つの固有ベクトルにシュミットの直交化法（定理 3.3.1）を適用して，3 つの正規直交系を作るという仕組みである．この仕組みが理解できれば，実は 4 次以上の対称行列の対角化を考えることもまったく難しいことではない．興味のある方は他書を参照して頂きたい．

問題 3.3.15　以下の対称行列を直交行列によって対角化せよ．

$$A = \begin{pmatrix} 5 & 4 & 2 \\ 4 & 5 & 2 \\ 2 & 2 & 2 \end{pmatrix}, \quad B = \begin{pmatrix} 2 & -2 & 4 \\ -2 & -1 & -2 \\ 4 & -2 & 2 \end{pmatrix}$$

問題 3.3.16　以下の対称行列を直交行列によって対角化せよ．

$$A = \begin{pmatrix} -1 & 3 & 0 \\ 3 & 2 & 3 \\ 0 & 3 & -1 \end{pmatrix}, \quad B = \begin{pmatrix} 1 & -2 & -2 \\ -2 & 1 & -2 \\ -2 & -2 & 1 \end{pmatrix}$$

$$C = \begin{pmatrix} 1 & -2 & 3 \\ -2 & 6 & -2 \\ 3 & -2 & 1 \end{pmatrix}, \quad D = \begin{pmatrix} -8 & -6 & 3 \\ -6 & -3 & 2 \\ 3 & 2 & 0 \end{pmatrix}$$

3.4 連立微分方程式系の解法

対角化の理論の微分方程式の解法への応用を，本章最後の話題として述べておきたい．本節では大学初年度の微分積分の知識を少々用いる．はじめに t の関数 $x(t)$ についての次の微分方程式を考えよう．簡単のため $x(t) \geq 0$ としておく．

$$\frac{d}{dt}x(t) = ax(t) \tag{3.4.1}$$

ここで a は定数である．このように微分方程式とは，未知関数 $x(t)$ についての方程式で，$x(t)$ 自身とその導関数（微分）$\frac{d}{dt}x(t)$ を含んだ形をしている．特に (3.4.1) は変数分離形と呼ばれる最も基本的な微分方程式である．形式的ではあるが微分の記号を分数のようにみなして

$$\frac{dx(t)}{x(t)} = a\,dt$$

両辺積分すると

$$\int \frac{dx(t)}{x(t)} = a \int dt$$

これより

$$\log x(t) = at + C'$$

が得られる．C' は積分定数である．よって $C = e^{C'}$ として

$$x(t) = Ce^{at} \tag{3.4.2}$$

と解くことができた．初期条件を $x(0) = x_0$ と与えると，$C = x_0$ であり解は

$$x(t) = x_0 e^{at} \tag{3.4.3}$$

と一意に定まる．(3.4.2) および (3.4.3) の $x(t)$ が方程式 (3.4.1) の解になっていることは指数関数の微分法則

$$\frac{d}{dt}e^{at} = ae^{at} \tag{3.4.4}$$

の直接的な帰結である．

さて，指数関数の重要な性質として，次のベキ級数展開がある．

$$e^x = \sum_{j=0}^{\infty} \frac{1}{j!} x^j = 1 + x + \frac{1}{2!} x^2 + \frac{1}{3!} x^3 + \cdots \tag{3.4.5}$$

これは e^x の $x = 0$ まわりの**テイラー**（Taylor）**展開**，あるいは**マクローリン**（Maclaurin）**展開**と呼ばれるが，指数関数に限らず一般の関数についても重要な展開である．このスカラーの指数関数のベキ級数展開にならって行列の指数関数を以下で定義する．

行列の指数関数　A を n 次正方行列としたとき

$$\exp(A) = \sum_{j=0}^{\infty} \frac{1}{j!} A^j \tag{3.4.6}$$

を**行列 $\boldsymbol{A}$ の指数関数**という．ここで $A^0 = E_n$ である．

定義式 (3.4.6) は行列の無限級数であり，厳密にはその収束性（右辺が行列として意味を持つか）を議論する必要があるが，$\exp(A)$ はすべての正方行列 A に対して，A の各成分に関して一様に収束することが知られている．本書ではあまり細かいことには立ち入らないことにしておこう．とにかく $\exp(A)$ もまた n 次正方行列となるのである．

微分法則 (3.4.4) は，行列の場合ではどうであろうか．A を n 次正方行列として，指数関数 $\exp(tA)$ を考える．定義により

$$\begin{aligned} \exp(tA) &= \sum_{j=0}^{\infty} \frac{1}{j!} (tA)^j \\ &= E_n + tA + \frac{1}{2!} t^2 A^2 + \frac{1}{3!} t^3 A^3 + \cdots \end{aligned}$$

実数 t について微分を実行すると

$$\begin{aligned} \frac{d}{dt} \exp(tA) &= A + tA^2 + \frac{1}{2!} t^2 A^3 + \cdots \\ &= A \left(E_n + tA + \frac{1}{2!} t^2 A^2 + \cdots \right) \\ &= A \exp(tA) \end{aligned}$$

よって次の命題が得られた．

命題 3.4.1 n 次正方行列 A と実数 t に対して

$$\frac{d}{dt}\exp\bigl(tA\bigr) = A\exp\bigl(tA\bigr)$$

が成り立つ.

この命題はスカラーの指数関数の微分法則 (3.4.4) とまったく同様であるから，もし行列版の微分方程式 (3.4.1) が与えられたら，行列の指数関数によって解が構成されることが期待できる．少し記号の準備をしよう．以下では関数 $f(t)$ の t についての微分を

$$\frac{d}{dt}f(t) = \dot{f}(t)$$

と表記する．n 個の未知関数 $x_1(t), \ldots, x_n(t)$ について以下の連立微分方程式系

$$\begin{cases} \dot{x}_1(t) = a_{11}x_1(t) + a_{12}x_2(t) + \cdots + a_{1n}x_n(t) \\ \dot{x}_2(t) = a_{21}x_1(t) + a_{22}x_2(t) + \cdots + a_{2n}x_n(t) \\ \qquad\qquad\qquad \cdots\cdots \\ \dot{x}_n(t) = a_{n1}x_1(t) + a_{n2}x_2(t) + \cdots + a_{nn}x_n(t) \end{cases} \tag{3.4.7}$$

を考える．ただし係数の a_{jk}（$j, k = 1, \ldots, n$）は定数とする．簡単のため，解を列ベクトルで表記したものを

$$\boldsymbol{x}(t) = \begin{pmatrix} x_1(t) \\ \vdots \\ x_n(t) \end{pmatrix}$$

として，n 次正方行列 A を

$$A = \begin{pmatrix} a_{11} & a_{12} & \cdots & a_{1n} \\ a_{21} & a_{22} & \cdots & a_{2n} \\ & \cdots & \cdots & \\ a_{n1} & a_{n2} & \cdots & a_{nn} \end{pmatrix}$$

とする．これらの記法により連立微分方程式系 (3.4.7) は

$$\dot{\boldsymbol{x}}(t) = A\boldsymbol{x}(t) \tag{3.4.8}$$

と表される.

定理 3.4.2　以上の記法の下，初期条件 $\boldsymbol{x}(0) = \boldsymbol{x}_0$ としたとき，連立微分方程式系 (3.4.7) の解は

$$\boldsymbol{x}(t) = \exp\bigl(tA\bigr)\boldsymbol{x}_0 \tag{3.4.9}$$

と一意に与えられる．

(3.4.9) が実際に連立微分方程式系 (3.4.7) の一意解となっていることは，命題 3.4.1 とベクトルおよび行列による表現 (3.4.8) から直ちに従う．(3.4.9) が初期条件をみたすことも，行列の指数関数の定義から

$$\exp\bigl(O_n\bigr) = E_n$$

に注意すればほとんど明らかであろう．この定理によって，(3.4.7) のような連立微分方程式系を解くことは，行列の指数関数 $\exp\bigl(tA\bigr)$ を求めることに帰着する．一般には A^j をすべての j に対して求めることは難しい．しかし，もし A が対角行列ならば容易である．

例題 3.4.3

$$A = \begin{pmatrix} 1 & \\ & 3 \end{pmatrix}, \quad B = \begin{pmatrix} 1 & & \\ & -1 & \\ & & 5 \end{pmatrix}$$

に対して，$\exp\bigl(tA\bigr)$ および $\exp\bigl(tB\bigr)$ を求めよ．

【解答】　$j = 0, 1, 2, \ldots$ に対して

$$(tA)^j = \begin{pmatrix} t & \\ & 3t \end{pmatrix}^j = \begin{pmatrix} t^j & \\ & (3t)^j \end{pmatrix}$$

であるから

$$\exp\bigl(tA\bigr) = \sum_{j=0}^{\infty} \frac{1}{j!}(tA)^j = \sum_{j=0}^{\infty} \frac{1}{j!}\begin{pmatrix} t^j & \\ & (3t)^j \end{pmatrix}$$

$$= \begin{pmatrix} \sum_{j=0}^{\infty} \frac{t^j}{j!} & \\ & \sum_{j=0}^{\infty} \frac{(3t)^j}{j!} \end{pmatrix} = \begin{pmatrix} e^t & \\ & e^{3t} \end{pmatrix}$$

最後の等式では，スカラーの指数関数のベキ級数展開 (3.4.5) を用いた．同様にして

$$\exp(tB) = \begin{pmatrix} e^t & & \\ & e^{-t} & \\ & & e^{5t} \end{pmatrix}$$

となる．★

問題 **3.4.4**

$$A = \begin{pmatrix} -6 & \\ & 4 \end{pmatrix}, \quad B = \begin{pmatrix} 3 & & \\ & 4 & \\ & & -5 \end{pmatrix}$$

に対して，$\exp(tA)$ および $\exp(tB)$ を求めよ．

このように対角行列に関しては，その指数関数を求めることは易しい．しかし，残念ながら，連立微分方程式系 (3.4.7) の A が対角行列の場合は，連立系ではなく n 個の単独の微分方程式にすぎない．例えば，命題 3.4.3 の A の表す微分方程式系は

$$\begin{cases} \dot{x}_1(t) = x_1(t) \\ \dot{x}_2(t) = \qquad 3x_2(t) \end{cases}$$

であるから，それぞれ $x_1(t)$ と $x_2(t)$ を個々に考えれば十分である．同様に B の表す微分方程式系は

$$\begin{cases} \dot{x}_1(t) = x_1(t) \\ \dot{x}_2(t) = \qquad -x_2(t) \\ \dot{x}_3(t) = \qquad\qquad 5x_3(t) \end{cases}$$

となっている．逆にいえば，一般の連立微分方程式系を考えるには，対角行列ではない行列の指数関数を求める必要がある．ここで対角化の理論を用いるのである．その前に次の命題を与えておく．

命題 3.4.5　n 次正方行列 A と正則行列 P に対して

$$\exp\left(P^{-1}AP\right) = P^{-1}\exp\left(A\right)P \tag{3.4.10}$$

である．

1.3 節の例題 1.3.4 の解答の (1.3.8) および定理 3.2.11 のすぐ後の (3.2.2) を思い出して欲しい．一般の n 次正方行列でも同様に

$$\left(P^{-1}AP\right)^j = P^{-1}A^jP$$

が成り立つ．よって行列の指数関数の定義により

$$\begin{aligned}
\exp\left(P^{-1}AP\right) &= \sum_{j=0}^{\infty}\frac{1}{j!}\left(P^{-1}AP\right)^j \\
&= P^{-1}\left(\sum_{j=0}^{\infty}\frac{1}{j!}A^j\right)P \\
&= P^{-1}\exp\left(A\right)P
\end{aligned}$$

と (3.4.10) の成立が分かる．対角化の理論に命題 3.4.5 を組み合わせることで，対角化可能な行列の指数関数を計算できる．

例題 3.4.6

$$A = \begin{pmatrix} 2 & -1 \\ -1 & 2 \end{pmatrix}, \quad B = \begin{pmatrix} 2 & 2 & 1 \\ 2 & 1 & 2 \\ 1 & 2 & 2 \end{pmatrix}$$

に対して，$\exp\left(tA\right)$ および $\exp\left(tB\right)$ を求めよ．

【解答】　A は例題 3.3.10 で対角化してある．直交行列

$$P = \begin{pmatrix} \frac{1}{\sqrt{2}} & -\frac{1}{\sqrt{2}} \\ \frac{1}{\sqrt{2}} & \frac{1}{\sqrt{2}} \end{pmatrix}$$

によって

$$P^T AP = \begin{pmatrix} 1 & \\ & 3 \end{pmatrix}$$

と対角化されるのであった．命題 3.4.5 と例題 3.4.3 の結果を用いて

$$P^T \exp(tA) P = \exp(tP^T AP) = \begin{pmatrix} e^t & \\ & e^{3t} \end{pmatrix}$$

左から P を，右から P^T を掛けると

$$\begin{aligned} \exp(tA) &= P \begin{pmatrix} e^t & \\ & e^{3t} \end{pmatrix} P^T \\ &= \begin{pmatrix} \frac{e^t+e^{3t}}{2} & \frac{e^t-e^{3t}}{2} \\ \frac{e^t-e^{3t}}{2} & \frac{e^t+e^{3t}}{2} \end{pmatrix} \end{aligned}$$

が得られる．B についても例題 3.3.12 で対角化した．

$$P = \begin{pmatrix} -\frac{1}{\sqrt{2}} & \frac{1}{\sqrt{6}} & \frac{1}{\sqrt{3}} \\ 0 & -\frac{2}{\sqrt{6}} & \frac{1}{\sqrt{3}} \\ \frac{1}{\sqrt{2}} & \frac{1}{\sqrt{6}} & \frac{1}{\sqrt{3}} \end{pmatrix}$$

に対して

$$P^T BP = \begin{pmatrix} 1 & & \\ & -1 & \\ & & 5 \end{pmatrix}$$

である．A の場合と同様にして，命題 3.4.5 と例題 3.4.3 の結果により

$$P^T \exp(tB) P = \exp(tP^T BP) = \begin{pmatrix} e^t & & \\ & e^{-t} & \\ & & e^{5t} \end{pmatrix}$$

左から P を，右から P^T を掛けて

$$\exp(tB) = P \begin{pmatrix} e^t & & \\ & e^{-t} & \\ & & e^{5t} \end{pmatrix} P^T$$

$$
= \begin{pmatrix} \frac{3e^t+e^{-t}+2e^{5t}}{6} & \frac{-e^{-t}+e^{5t}}{3} & \frac{-3e^t+e^{-t}+2e^{5t}}{6} \\ \frac{-e^{-t}+e^{5t}}{3} & \frac{2e^{-t}+e^{5t}}{3} & \frac{-e^{-t}+e^{5t}}{3} \\ \frac{-3e^t+e^{-t}+2e^{5t}}{6} & \frac{-e^{-t}+e^{5t}}{3} & \frac{3e^t+e^{-t}+2e^{5t}}{6} \end{pmatrix}
$$

と計算される．★

問題 **3.4.7**

$$
A = \begin{pmatrix} 3 & -3 \\ -3 & -5 \end{pmatrix}, \quad B = \begin{pmatrix} 2 & -3 & 1 \\ -3 & -2 & 3 \\ 1 & 3 & 2 \end{pmatrix}
$$

に対して，$\exp(tA)$ および $\exp(tB)$ を求めよ．

これまでの準備で，本節の目標であった連立微分方程式系はほとんど解けたことになる．

例題 3.4.8

連立微分方程式系

$$
\begin{cases} \dot{x}_1(t) = \ \ 2x_1(t) - \ \ x_2(t) \\ \dot{x}_2(t) = -x_1(t) + 2x_2(t) \end{cases}
$$

を初期条件 $x_1(0) = b_1$ および $x_2(0) = b_2$ の下で解け．

【解答】 解のベクトル表記を

$$
\boldsymbol{x}(t) = \begin{pmatrix} x_1(t) \\ x_2(t) \end{pmatrix}
$$

とする．係数行列と初期条件を

$$
A = \begin{pmatrix} 2 & -1 \\ -1 & 2 \end{pmatrix}, \quad \boldsymbol{x}_0 = \begin{pmatrix} b_1 \\ b_2 \end{pmatrix}
$$

と表すと，定理 3.4.2 と例題 3.4.6 の結果を用いて，求める解は

$$
\begin{aligned}
\boldsymbol{x}(t) &= \exp(tA)\boldsymbol{x}_0 \\
&= \begin{pmatrix} \frac{e^t+e^{3t}}{2} & \frac{e^t-e^{3t}}{2} \\ \frac{e^t-e^{3t}}{2} & \frac{e^t+e^{3t}}{2} \end{pmatrix} \begin{pmatrix} b_1 \\ b_2 \end{pmatrix}
\end{aligned}
$$

である．右辺の行列の積を計算して

$$x_1(t) = \frac{(b_1+b_2)e^t + (b_1-b_2)e^{3t}}{2}$$
$$x_2(t) = \frac{(b_1+b_2)e^t - (b_1-b_2)e^{3t}}{2}$$

と解の表示が得られた．★

問題 **3.4.9**　連立微分方程式系

$$\begin{cases} \dot{x}_1(t) = 3x_1(t) - 3x_2(t) \\ \dot{x}_2(t) = -3x_1(t) - 5x_2(t) \end{cases}$$

を初期条件 $x_1(0) = b_1$ および $x_2(0) = b_2$ の下で解け．

例題 3.4.10

連立微分方程式系

$$\begin{cases} \dot{x}_1(t) = 2x_1(t) + 2x_2(t) + x_3(t) \\ \dot{x}_2(t) = 2x_1(t) + x_2(t) + 2x_3(t) \\ \dot{x}_3(t) = x_1(t) + 2x_2(t) + 2x_3(t) \end{cases}$$

を初期条件 $x_1(0) = b_1$, $x_2(0) = b_2$ および $x_3(0) = b_3$ の下で解け．

【解答】　未知関数が3つであるが，方針は例題3.4.8と同じである．解をベクトルで表して

$$\boldsymbol{x}(t) = \begin{pmatrix} x_1(t) \\ x_2(t) \\ x_3(t) \end{pmatrix}$$

とする．係数行列と初期条件を

$$B = \begin{pmatrix} 2 & 2 & 1 \\ 2 & 1 & 2 \\ 1 & 2 & 2 \end{pmatrix}, \quad \boldsymbol{x}_0 = \begin{pmatrix} b_1 \\ b_2 \\ b_3 \end{pmatrix}$$

と表すと，再び定理3.4.2と例題3.4.6の結果を用いて，求める解は

$$
\begin{aligned}
\boldsymbol{x}(t) &= \exp\bigl(tB\bigr)\boldsymbol{x}_0 \\
&= \begin{pmatrix} \frac{3e^t+e^{-t}+2e^{5t}}{6} & \frac{-e^{-t}+e^{5t}}{3} & \frac{-3e^t+e^{-t}+2e^{5t}}{6} \\ \frac{-e^{-t}+e^{5t}}{3} & \frac{2e^{-t}+e^{5t}}{3} & \frac{-e^{-t}+e^{5t}}{3} \\ \frac{-3e^t+e^{-t}+2e^{5t}}{6} & \frac{-e^{-t}+e^{5t}}{3} & \frac{3e^t+e^{-t}+2e^{5t}}{6} \end{pmatrix} \begin{pmatrix} b_1 \\ b_2 \\ b_3 \end{pmatrix}
\end{aligned}
$$

となる．右辺を計算して整理することで

$$
\begin{aligned}
x_1(t) &= \frac{3(b_1-b_3)e^t+(b_1-2b_2+b_3)e^{-t}+2(b_1+b_2+b_3)e^{5t}}{6} \\
x_2(t) &= \frac{-(b_1-2b_2+b_3)e^{-t}+(b_1+b_2+b_3)e^{5t}}{3} \\
x_3(t) &= \frac{-3(b_1-b_3)e^t+(b_1-2b_2+b_3)e^{-t}+2(b_1+b_2+b_3)e^{5t}}{6}
\end{aligned}
$$

を得る．★

問題 3.4.11　連立微分方程式系

$$
\begin{cases} \dot{x}_1(t) = \ \ \ 2x_1(t) - 3x_2(t) + \ \ x_3(t) \\ \dot{x}_2(t) = -3x_1(t) - 2x_2(t) + 3x_3(t) \\ \dot{x}_3(t) = \ \ \ \ \ x_1(t) + 3x_2(t) + 2x_3(t) \end{cases}
$$

を初期条件 $x_1(0)=b_1$, $x_2(0)=b_2$ および $x_3(0)=b_3$ の下で解け．

これまで解いてきた連立微分方程式系は，係数行列が対称行列となるもののみを扱ってきたが，対角化さえ可能であれば，何も対称行列に限る必要はない．ただし，対角化するための行列 P が直交行列とはならないので，P^{-1} を基本変形あるいは余因子を用いて求めねばならない．こういった対称行列でない場合は，章末の演習問題 3.4, 3.5 として読者にお任せするとしよう．

演習問題

□ **3.1** 次の行列 A が対角化可能であるときの x の値を定め，対角化するための行列を求めて対角化せよ．

$$A = \begin{pmatrix} 4 & 1 & -1 \\ -1 & 2 & 1 \\ -1 & -1 & x \end{pmatrix}$$

□ **3.2** 次の行列 A に対して A^5 を計算せよ．

$$A = \begin{pmatrix} 1 & -1 & 2 \\ 0 & -1 & 3 \\ 0 & 3 & -1 \end{pmatrix}$$

□ **3.3** n を自然数とするとき，次の行列 A と B に対して A^n および B^n を計算せよ．

$$A = \begin{pmatrix} 1 & -1 & -1 \\ 1 & 3 & 1 \\ 1 & 1 & 3 \end{pmatrix}, \quad B = \begin{pmatrix} 4 & -1 & -1 \\ -1 & 4 & -1 \\ -1 & -1 & 4 \end{pmatrix}$$

□ **3.4** 連立微分方程式系

$$\begin{cases} \dot{x}_1(t) = 6x_1(t) - 3x_2(t) \\ \dot{x}_2(t) = -2x_1(t) + 7x_2(t) \end{cases}$$

を初期条件 $x_1(0) = b_1$ および $x_2(0) = b_2$ の下で解け．

□ **3.5** 連立微分方程式系

$$\begin{cases} \dot{x}_1(t) = 4x_1(t) + 2x_2(t) - 4x_3(t) \\ \dot{x}_2(t) = -x_1(t) + x_2(t) + 2x_3(t) \\ \dot{x}_3(t) = 3x_1(t) + 3x_2(t) - 4x_3(t) \end{cases}$$

を初期条件 $x_1(0) = b_1$, $x_2(0) = b_2$ および $x_3(0) = b_3$ の下で解け．

第4章

ベクトル空間と線形写像

第 4 章では抽象的なベクトルからなる集合を考える．ここで抽象的なベクトルとは，もはや長さと方向を持った数ベクトルとは限らず，加法とスカラー倍という 2 つの演算が定まっているもの，ただそれだけである．ベクトルの集合が（大まかにいって）これらの和とスカラー倍に閉じているときベクトル空間と呼ばれる．前半ではベクトル空間の基底と次元について詳しく述べ，後半では，ベクトル空間とベクトル空間の間の写像について基本的な性質を説明する．なお，本章では本文中に例題や問題は配置していない代わりに，すべての命題，補題および定理に証明を与えてある．余力のある読者は章末の演習問題にも挑戦して頂きたい．

4.1　ベクトル空間

ベクトル空間　集合 V が実数 $\mathbb{R}$ 上の**ベクトル空間**であるとは，V に次の 2 つの演算

- 加法：　$\boldsymbol{u}, \boldsymbol{v} \in V$ に対して $\boldsymbol{u} + \boldsymbol{v} \in V$
- スカラー倍：　$\boldsymbol{u} \in V, \alpha \in \mathbb{R}$ に対して $\alpha \boldsymbol{u} \in V$

が定義され，これらの加法とスカラー倍に関して以下の 8 つの性質をみたすことをいう．ただし，$\boldsymbol{u}, \boldsymbol{v}, \boldsymbol{w} \in V$ および $\alpha, \beta \in \mathbb{R}$ である．

1. $\boldsymbol{u} + \boldsymbol{v} = \boldsymbol{v} + \boldsymbol{u}$
2. $(\boldsymbol{u} + \boldsymbol{v}) + \boldsymbol{w} = \boldsymbol{u} + (\boldsymbol{v} + \boldsymbol{w})$
3. $\boldsymbol{0} \in V$ が存在して $\boldsymbol{u} + \boldsymbol{0} = \boldsymbol{0} + \boldsymbol{u} = \boldsymbol{u}$
4. $\boldsymbol{u}' \in V$ が存在して $\boldsymbol{u} + \boldsymbol{u}' = \boldsymbol{u}' + \boldsymbol{u} = \boldsymbol{0}$
5. $(\alpha + \beta)\boldsymbol{u} = \alpha \boldsymbol{u} + \beta \boldsymbol{u}$
6. $\alpha(\boldsymbol{u} + \boldsymbol{v}) = \alpha \boldsymbol{u} + \alpha \boldsymbol{v}$

7. $\alpha(\beta\boldsymbol{u}) = (\alpha\beta)\boldsymbol{u}$
8. $1\boldsymbol{u} = \boldsymbol{u}$

特に 3. の性質のベクトル $\mathbf{0}$ を**ゼロベクトル**という．

例えば

$$\mathbb{R}^n = \left\{ \begin{pmatrix} x_1 \\ \vdots \\ x_n \end{pmatrix} \;\middle|\; x_1, \ldots, x_n \in \mathbb{R} \right\}$$

には行列としての加法とスカラー倍が定義されており，8 つの性質をみたすことも容易に確認できる．これは **$\boldsymbol{n}$ 次元数ベクトル空間**と呼ばれる．ベクトル空間は上で述べたように抽象的なものとして定義されているが，常に数ベクトル空間を念頭に置いてもらえれば理解しやすい．

以下この節では V はベクトル空間を表すものとする．

部分空間 $\emptyset \neq W \subset V$ が以下の 2 つをみたすとき，W は V の**部分空間**であるという．

1. $\boldsymbol{u}, \boldsymbol{v} \in W$ ならば $\boldsymbol{u} + \boldsymbol{v} \in W$
2. $\boldsymbol{u} \in W$, $\alpha \in \mathbb{R}$ ならば $\alpha\boldsymbol{u} \in W$

1. の性質を W は**加法で閉じる**, 2. の性質を W は**スカラー倍で閉じる**, という．1. と 2. を合わせた主張と同値な主張, "$\boldsymbol{u}, \boldsymbol{v} \in W$, $\alpha, \beta \in \mathbb{R}$ ならば $\alpha\boldsymbol{u} + \beta\boldsymbol{v} \in W$" もよく使われる．

命題 4.1.1 A を $m \times n$ 行列とするとき

$$W_A = \{\boldsymbol{x} \in \mathbb{R}^n \mid A\boldsymbol{x} = \mathbf{0}\}$$

は $\mathbb{R}^n$ の部分空間となる．W_A は斉次連立 1 次方程式 $A\boldsymbol{x} = \mathbf{0}$ の**解空間**と呼ばれる．

【証明】 $\boldsymbol{x}, \boldsymbol{y} \in W_A$, $\alpha, \beta \in \mathbb{R}$ とすると

$$A(\alpha\boldsymbol{x} + \beta\boldsymbol{y}) = \alpha A\boldsymbol{x} + \beta A\boldsymbol{y} = \mathbf{0}$$

なので $\alpha\boldsymbol{x} + \beta\boldsymbol{y} \in W_A$ である．★

一次結合　$\boldsymbol{u} \in V$ が $\boldsymbol{u}_1, \ldots, \boldsymbol{u}_n \in V$ と $c_1, \ldots, c_n \in \mathbb{R}$ によって

$$\boldsymbol{u} = \sum_{j=1}^{n} c_j \boldsymbol{u}_j \tag{4.1.1}$$

と表されるとき，$\boldsymbol{u}$ は $\boldsymbol{u}_1, \ldots, \boldsymbol{u}_n$ の**一次結合**で表されるという．本によっては一次結合のことを**線形結合**と呼ぶものもあるが，同じ意味である．

一次独立と一次従属　$\boldsymbol{u}_1, \ldots, \boldsymbol{u}_n \in V$ が

$$\sum_{j=1}^{n} c_j \boldsymbol{u}_j = \boldsymbol{0} \text{ ならば } c_1 = \cdots = c_n = 0$$

をみたすとき，$\boldsymbol{u}_1, \ldots, \boldsymbol{u}_n$ は**一次独立**あるいは**線形独立**という．一次独立ではないとき，$\boldsymbol{u}_1, \ldots, \boldsymbol{u}_n$ は**一次従属**あるいは**線形従属**という．

簡単な例としては，$\mathbb{R}^n$ の n 個のベクトル

$$\boldsymbol{e}_1 = \begin{pmatrix} 1 \\ 0 \\ \vdots \\ 0 \end{pmatrix}, \quad \ldots, \quad \boldsymbol{e}_n = \begin{pmatrix} 0 \\ \vdots \\ 0 \\ 1 \end{pmatrix}$$

は一次独立である．これらを $\mathbb{R}^n$ の**基本ベクトル**という．

命題 4.1.2　$\boldsymbol{u}_1, \ldots, \boldsymbol{u}_n \in V$ は一次独立であり，$\boldsymbol{u} \in V$ が (4.1.1) のように一次結合で表されているとする．このとき表現 (4.1.1) は一意的である．

【証明】　2 通りの表現

$$\boldsymbol{u} = \sum_{j=1}^{n} c_j \boldsymbol{u}_j = \sum_{j=1}^{n} c_j' \boldsymbol{u}_j$$

があったとすると

$$\sum_{j=1}^{n} (c_j - c_j') \boldsymbol{u}_j = \boldsymbol{0}$$

である．$\boldsymbol{u}_1, \ldots, \boldsymbol{u}_n$ は一次独立であるから，$j = 1, \ldots, n$ に対して $c_j = c_j'$ となり一意である．★

次の命題も正則行列の特徴づけとしては定理 2.3.1 と並んで基本的なものであり，よく用いられる．

> **命題 4.1.3**　n 次正方行列 A が正則であることと A の n 個の列ベクトルが一次独立であることは同値である．

【証明】　A の簡約を B とするとき，斉次連立 1 次方程式の解法から，n 次列ベクトル $\boldsymbol{x}$ に対して $A\boldsymbol{x} = \boldsymbol{0}$ と $B\boldsymbol{x} = \boldsymbol{0}$ は同値であることに注意しよう．すなわち A の列ベクトルの一次結合の関係式と B の列ベクトルの一次結合の関係式は等しい．よって A の n 個の列ベクトルが一次独立であることと B の n 個の列ベクトルが一次独立であることは同値である．A が正則行列とすると，定理 2.3.1 により $\mathrm{rank}\,A = n$ で B は単位行列となるから A の n 個の列ベクトルは一次独立である．次に A の n 個の列ベクトルが一次独立と仮定すると，B の n 個の列ベクトルも一次独立なので，やはり B は単位行列で $\mathrm{rank}\,A = n$ より A は正則行列となる．★

生成　任意の $\boldsymbol{u} \in V$ が $\boldsymbol{u}_1, \ldots, \boldsymbol{u}_n \in V$ の一次結合で表されるとき，$\boldsymbol{u}_1, \ldots, \boldsymbol{u}_n$ は V を**生成する**という．

基底　$\boldsymbol{u}_1, \ldots, \boldsymbol{u}_n \in V$ が以下をみたすとき，これらは V の**基底**であるという．

1. $\boldsymbol{u}_1, \ldots, \boldsymbol{u}_n$ は一次独立である．
2. $\boldsymbol{u}_1, \ldots, \boldsymbol{u}_n$ は V を生成する．

$\mathbb{R}^n$ の基本ベクトルは明らかに $\mathbb{R}^n$ を生成しており，一次独立性と合わせて $\mathbb{R}^n$ の基底となっている．ベクトル空間に対して基底の取り方は一意的ではないが，次が成り立つ．

> **定理 4.1.4**　V の基底の個数は基底の取り方によらず一定である．

この定理 4.1.4 の証明を与えるために補題を 1 つ準備する．

補題 4.1.5　$\boldsymbol{v}_1, \ldots, \boldsymbol{v}_n$ と $\boldsymbol{u}_1, \ldots, \boldsymbol{u}_m$ を V のベクトルとする．

1. 任意の $k=1, \ldots, n$ に対して $\boldsymbol{v}_k$ は $\boldsymbol{u}_1, \ldots, \boldsymbol{u}_m$ の一次結合で表される．
2. $n > m$ である．

をみたすなら $\boldsymbol{v}_1, \ldots, \boldsymbol{v}_n$ は一次従属である．

【証明】　1. により $k = 1, \ldots, n$ に対して，$a_{1k}, \ldots, a_{mk} \in \mathbb{R}$ が存在し

$$\boldsymbol{v}_k = \sum_{j=1}^{m} a_{jk} \boldsymbol{u}_j$$

と一次結合で表せる．a_{jk} を j, k 成分とする行列を A とすると A は $m \times n$ 行列であり，2. と定理 2.2.17 のすぐ下で述べたことにより，斉次連立 1 次方程式 $A\boldsymbol{x} = \boldsymbol{0}$ は非自明解を持つ．その解を

$$\boldsymbol{x} = \begin{pmatrix} c_1 \\ \vdots \\ c_n \end{pmatrix} \neq \begin{pmatrix} 0 \\ \vdots \\ 0 \end{pmatrix}$$

とすると

$$\sum_{k=1}^{n} c_k \boldsymbol{v}_k = \sum_{k=1}^{n} c_k \sum_{j=1}^{m} a_{jk} \boldsymbol{u}_j = \sum_{j=1}^{m} \underbrace{\sum_{k=1}^{n} a_{jk} c_k}_{=0} \boldsymbol{u}_j = \boldsymbol{0}$$

であるから $\boldsymbol{v}_1, \ldots, \boldsymbol{v}_n$ は一次従属．★

【定理 4.1.4 の証明】　$\boldsymbol{v}_1, \ldots, \boldsymbol{v}_n$ と $\boldsymbol{u}_1, \ldots, \boldsymbol{u}_m$ をどちらも V の基底としたとき，$n = m$ を示せばよい．$\boldsymbol{u}_1, \ldots, \boldsymbol{u}_m$ は V の基底なので，任意の $k = 1, \ldots, n$ に対して $\boldsymbol{v}_k$ は $\boldsymbol{u}_1, \ldots, \boldsymbol{u}_m$ の一次結合で表すことができる．もし $n > m$ とすると補題 4.1.5 により $\boldsymbol{v}_1, \ldots, \boldsymbol{v}_n$ は一次従属となり矛盾．よって $n \leq m$ である．逆の議論も同様で $n \geq m$ であり結局 $n = m$ となる．★

次元　定理 4.1.4 によって定まった V の基底の個数を V の**次元**といい，$\dim V$ と表す．

一次独立な最大個数　ベクトルの集合から n 個の一次独立なベクトルが選べて，どの $n+1$ 個のベクトルも一次従属となるとき，n をその集合における**一次独立な最大個数**という．

定理 4.1.6　$\dim V$ は V のベクトルの一次独立な最大個数と一致する．

【証明】　V のベクトルの一次独立な最大個数を n として，$\boldsymbol{u}_1, \ldots, \boldsymbol{u}_n$ を一次独立とする．任意の $\boldsymbol{v} \in V$ に対して $\boldsymbol{v}, \boldsymbol{u}_1, \ldots, \boldsymbol{u}_n$ は一次従属である．よって

$$\begin{pmatrix} c \\ c_1 \\ \vdots \\ c_n \end{pmatrix} \neq \begin{pmatrix} 0 \\ 0 \\ \vdots \\ 0 \end{pmatrix}$$

が存在して

$$c\boldsymbol{v} + \sum_{j=1}^{n} c_j \boldsymbol{u}_j = \boldsymbol{0}$$

となる．もし $c = 0$ とすると $\sum_{j=1}^{n} c_j \boldsymbol{u}_j = \boldsymbol{0}$ であり，$\boldsymbol{u}_1, \ldots, \boldsymbol{u}_n$ の一次独立性によって $c_1 = \cdots = c_n = 0$ でなければならず矛盾．$c \neq 0$ である．よって

$$\boldsymbol{v} = \sum_{j=1}^{n} \left(-\frac{c_j}{c} \right) \boldsymbol{u}_j$$

と一次結合で表せるので，$\boldsymbol{u}_1, \ldots, \boldsymbol{u}_n$ は V を生成する．つまり $\boldsymbol{u}_1, \ldots, \boldsymbol{u}_n$ は V の基底であり，$\dim V = n$ が得られた．★

基底の変換行列　$\boldsymbol{u}_1, \ldots, \boldsymbol{u}_n$ および $\boldsymbol{u}'_1, \ldots, \boldsymbol{u}'_n$ をともに V の基底とする．このとき各 $\boldsymbol{u}'_1, \ldots, \boldsymbol{u}'_n$ は $\boldsymbol{u}_1, \ldots, \boldsymbol{u}_n$ の一次結合で表される．すなわち $k = 1, \ldots, n$ に対して

$$\boldsymbol{u}'_k = \sum_{j=1}^{n} a_{jk} \boldsymbol{u}_j$$

である．なお，命題 4.1.2 によりこの一次結合の表現は一意的である．a_{jk} を j, k 成分とする行列を A とすると A は n 次正方行列であり

$$(\boldsymbol{u}'_1, \ldots, \boldsymbol{u}'_n) = (\boldsymbol{u}_1, \ldots, \boldsymbol{u}_n)\, A \tag{4.1.2}$$

と表される．この n 次正方行列 A を $\boldsymbol{u}_1, \ldots, \boldsymbol{u}_n$ から $\boldsymbol{u}'_1, \ldots, \boldsymbol{u}'_n$ への**基底の変換行列**という．

命題 4.1.7 基底の変換行列は正則行列である.

【証明】 (4.1.2) の表記の下で証明する. A を $A = (\boldsymbol{a}_1 \ \cdots \ \boldsymbol{a}_n)$ と列ベクトルで表して

$$\sum_{j=1}^{n} c_j \boldsymbol{a}_j = \boldsymbol{0} \tag{4.1.3}$$

とする. (4.1.2) と (4.1.3) によって

$$\sum_{j=1}^{n} c_j \boldsymbol{u}'_j = (\boldsymbol{u}'_1, \ldots, \boldsymbol{u}'_n) \begin{pmatrix} c_1 \\ \vdots \\ c_n \end{pmatrix} = (\boldsymbol{u}_1, \ldots, \boldsymbol{u}_n) \underbrace{A \begin{pmatrix} c_1 \\ \vdots \\ c_n \end{pmatrix}}_{=\boldsymbol{0}} = \boldsymbol{0}$$

である. $\boldsymbol{u}'_1, \ldots, \boldsymbol{u}'_n$ は一次独立であるから

$$c_1 = \cdots = c_n = 0$$

よって $\boldsymbol{a}_1, \ldots, \boldsymbol{a}_n$ は一次独立で, 命題 4.1.3 により A は正則となる. ★

固有空間 A を n 次正方行列として, λ を A の固有値の 1 つとするとき,

$$W_A(\lambda) = \{\boldsymbol{x} \in \mathbb{R}^n \mid A\boldsymbol{x} = \lambda \boldsymbol{x}\}$$

を A の固有値 λ の**固有空間**という. なお,

$$W_A(\lambda) = W_{\lambda E_n - A}$$

である. すなわち斉次連立 1 次方程式 $(\lambda E_n - A)\,\boldsymbol{x} = \boldsymbol{0}$ の解空間であるから, 命題 4.1.1 により $W_A(\lambda)$ は $\mathbb{R}^n$ の部分空間となる.

本節の最後に, 対角化可能性を判定する定理 3.2.6 を改めて固有空間の次元の意味で特徴づけた以下の定理と証明を与えよう. 主張の内容は定理 3.2.6 とまったく同じものである.

定理 4.1.8 n 次正方行列 A の相異なる固有値を $\lambda_1, \ldots, \lambda_k$ としたとき，A が対角化可能であるための必要十分条件は

$$\sum_{j=1}^{k} \dim W_A(\lambda_j) = n$$

である．

定理 4.1.8 を証明するために補題を 2 つ準備する．

補題 4.1.9

$$\begin{vmatrix} 1 & 1 & \cdots & 1 \\ x_1 & x_2 & \cdots & x_n \\ x_1^2 & x_2^2 & \cdots & x_n^2 \\ & \cdots & \cdots & \\ x_1^{n-1} & x_2^{n-1} & \cdots & x_n^{n-1} \end{vmatrix} = \prod_{1 \leq j < k \leq n} (x_k - x_j)$$

が成り立つ．これをヴァンデルモンド（Vandermonde）の行列式という．

【証明】 $n = 2$ のときは明らかに成り立つので，$n-1$ での成立を仮定する．n 行目に $n-1$ 行目の $-x_1$ 倍を加える，$n-1$ 行目に $n-2$ 行目の $-x_1$ 倍を加える，という基本変形を繰り返して

$$\begin{vmatrix} 1 & 1 & \cdots & 1 \\ x_1 & x_2 & \cdots & x_n \\ x_1^2 & x_2^2 & \cdots & x_n^2 \\ & \cdots & \cdots & \\ x_1^{n-1} & x_2^{n-1} & \cdots & x_n^{n-1} \end{vmatrix} = \begin{vmatrix} 1 & 1 & \cdots & 1 \\ 0 & x_2 - x_1 & \cdots & x_n - x_1 \\ 0 & x_2^2 - x_1 x_2 & \cdots & x_n^2 - x_1 x_n \\ & \cdots & \cdots & \\ 0 & x_2^{n-1} - x_1 x_2^{n-2} & \cdots & x_n^{n-1} - x_1 x_n^{n-2} \end{vmatrix}$$

命題 2.4.5 を用いて

$$= (x_2 - x_1)(x_3 - x_1) \cdots (x_n - x_1) \begin{vmatrix} 1 & 1 & \cdots & 1 \\ x_2 & x_3 & \cdots & x_n \\ x_2^2 & x_3^2 & \cdots & x_n^2 \\ & \cdots & \cdots & \\ x_2^{n-2} & x_3^{n-2} & \cdots & x_n^{n-2} \end{vmatrix}$$

帰納法の仮定により

$$= (x_2 - x_1)(x_3 - x_1)\cdots(x_n - x_1) \prod_{2\le j<k\le n} (x_k - x_j)$$

$$= \prod_{1\le j<k\le n} (x_k - x_j)$$

である．★

> **補題 4.1.10**　n 次正方行列 A の相異なる固有値を $\lambda_1, \ldots, \lambda_k$ としたとき
>
> $$\sum_{j=1}^{k} \dim W_A(\lambda_j) \le n$$
>
> が成り立つ．

【証明】　$\dim W_A(\lambda_j) = n_j$, $\boldsymbol{x}_{j1}, \ldots, \boldsymbol{x}_{jn_j} \in W_A(\lambda_j)$ を基底として

$$\sum_{j=1}^{k}\sum_{l=1}^{n_j} c_{jl}\boldsymbol{x}_{jl} = \boldsymbol{0}$$

とする．$\boldsymbol{x}_j = \sum_{l=1}^{n_j} c_{jl}\boldsymbol{x}_{jl}$ とおくと

$$\sum_{j=1}^{k} \boldsymbol{x}_j = \boldsymbol{0} \tag{4.1.4}$$

である．$A\boldsymbol{x}_j = \lambda_j\boldsymbol{x}_j$ に注意して，(4.1.4) に A を左から順次 $k-1$ 回まで掛けていくことで次を得る．

$$(\boldsymbol{x}_1 \ \cdots \ \boldsymbol{x}_k)\begin{pmatrix} 1 & \lambda_1 & \cdots & \lambda_1^{k-1} \\ 1 & \lambda_2 & \cdots & \lambda_2^{k-1} \\ & \cdots & \cdots & \\ 1 & \lambda_k & \cdots & \lambda_k^{k-1} \end{pmatrix} = (\boldsymbol{0} \ \cdots \ \boldsymbol{0}) \tag{4.1.5}$$

補題 4.1.9 と命題 2.4.10 によって，(4.1.5) の 1 と A の固有値からなる k 次正方行列は正則であるから，右から逆行列を掛けることで

$$(\boldsymbol{x}_1 \ \cdots \ \boldsymbol{x}_k) = (\boldsymbol{0} \ \cdots \ \boldsymbol{0})$$

となる．すなわち $j = 1, \ldots, k$ に対して $\boldsymbol{x}_j = \boldsymbol{0}$ である．$\boldsymbol{x}_{j1}, \ldots, \boldsymbol{x}_{jn_j}$ は一

次独立であるから

$$c_{j1} = \cdots = c_{jn_j} = 0$$

であり，$\sum_{j=1}^{k} n_j$ 個のベクトル $\boldsymbol{x}_{11}, \ldots, \boldsymbol{x}_{kn_k}$ は一次独立．定理 4.1.6 より $\sum_{j=1}^{k} n_j \leq n$ である．★

【定理 4.1.8 の証明】　まず必要性を示す．A を対角化可能とすると，正則行列 P が存在して

$$P^{-1}AP = \begin{pmatrix} \mu_1 & & \\ & \ddots & \\ & & \mu_n \end{pmatrix} \tag{4.1.6}$$

となる．$P = (\boldsymbol{x}_1 \ \cdots \ \boldsymbol{x}_n)$ と表記する．(4.1.6) の左から P を掛ければ $j = 1, \ldots, n$ に対して $A\boldsymbol{x}_j = \mu_j \boldsymbol{x}_j$ であるから，μ_j は A の固有値で $\boldsymbol{x}_j$ は対応する固有ベクトルである．すなわち各 μ_j は $\lambda_1, \ldots, \lambda_k$ のどれかに一致する．命題 4.1.3 により $\boldsymbol{x}_1, \ldots, \boldsymbol{x}_n$ は一次独立であることから，$\dim W_A(\lambda_j)$ は固有値 λ_j の重複度以上でなければならない．重複度を含めた固有値の個数は n 個なので

$$\sum_{j=1}^{k} \dim W_A(\lambda_j) \geq n$$

であり，補題 4.1.10 によりこれは等式となる．

次に十分性を示す．各 $W_A(\lambda_j)$ から基底を選んで，それらを列ベクトルとして並べた行列を P とおく．まず仮定により P は n 次正方行列であるが，補題 4.1.10 の証明内で示したように P の n 個の列ベクトルは一次独立である．よって命題 4.1.3 により P は正則行列となる．$P^{-1}AP$ が対角行列となり，その対角成分に固有値が並ぶことは定理 3.2.11 のすぐ下で $n = 3$ の場合に述べた．一般の n でもまったく同じである．★

4.2 線形写像

以下この節では V と W はベクトル空間を表すものとする．

線形写像　写像 $f\colon V \to W$ が以下をみたすとき，f は**線形写像**であるという．

1. $\boldsymbol{u}, \boldsymbol{v} \in V$ に対して $f(\boldsymbol{u}+\boldsymbol{v}) = f(\boldsymbol{u}) + f(\boldsymbol{v})$
2. $\boldsymbol{u} \in V,\ \alpha \in \mathbb{R}$ に対して $f(\alpha\boldsymbol{u}) = \alpha f(\boldsymbol{u})$

1. と 2. を合わせた主張と同値な主張，“$\boldsymbol{u}, \boldsymbol{v} \in V,\ \alpha, \beta \in \mathbb{R}$ に対して $f(\alpha\boldsymbol{u} + \beta\boldsymbol{v}) = \alpha f(\boldsymbol{u}) + \beta f(\boldsymbol{v})$” もよく使われる．

命題 4.2.1　A を $m \times n$ 行列とする．写像 f_A を

$$\begin{aligned} f_A\colon \mathbb{R}^n &\longrightarrow \mathbb{R}^m \\ \boldsymbol{x} &\longmapsto A\boldsymbol{x} \end{aligned} \tag{4.2.1}$$

で定めると，f_A は線形写像である．

【証明】　$\boldsymbol{x}, \boldsymbol{y} \in \mathbb{R}^n,\ \alpha, \beta \in \mathbb{R}$ に対して

$$\begin{aligned} f_A(\alpha\boldsymbol{x} + \beta\boldsymbol{y}) &= A(\alpha\boldsymbol{x} + \beta\boldsymbol{y}) \\ &= \alpha A\boldsymbol{x} + \beta A\boldsymbol{y} \\ &= \alpha f_A(\boldsymbol{x}) + \beta f_A(\boldsymbol{y}) \end{aligned}$$

である．★

核と像　$f\colon V \to W$ を線形写像とするとき

$$\operatorname{Ker} f = \{\boldsymbol{u} \in V \mid f(\boldsymbol{u}) = \boldsymbol{0}\}$$

を f の**核**，

$$\operatorname{Im} f = \{f(\boldsymbol{u}) \in W \mid \boldsymbol{u} \in V\}$$

を f の**像**という．

命題 4.2.2　$\mathrm{Ker}\, f$ は V の部分空間であり，$\mathrm{Im}\, f$ は W の部分空間である．

【証明】　$\boldsymbol{x}_1, \boldsymbol{x}_2 \in \mathrm{Ker}\, f$, $\alpha, \beta \in \mathbb{R}$ に対して

$$f(\alpha \boldsymbol{x}_1 + \beta \boldsymbol{x}_2) = \alpha f(\boldsymbol{x}_1) + \beta f(\boldsymbol{x}_2) = \mathbf{0}$$

すなわち，$\alpha \boldsymbol{x}_1 + \beta \boldsymbol{x}_2 \in \mathrm{Ker}\, f$ であるから $\mathrm{Ker}\, f$ は V の部分空間．$\boldsymbol{y}_1, \boldsymbol{y}_2 \in \mathrm{Im}\, f$ とすると，$\boldsymbol{x}_1, \boldsymbol{x}_2 \in V$ が存在して $\boldsymbol{y}_1 = f(\boldsymbol{x}_1)$, $\boldsymbol{y}_2 = f(\boldsymbol{x}_2)$ と表される．よって

$$\alpha \boldsymbol{y}_1 + \beta \boldsymbol{y}_2 = \alpha f(\boldsymbol{x}_1) + \beta f(\boldsymbol{x}_2) = f(\alpha \boldsymbol{x}_1 + \beta \boldsymbol{x}_2) \in \mathrm{Im}\, f$$

であるから $\mathrm{Im}\, f$ は W の部分空間である．★

定理 4.2.3　$f\colon V \to W$ を線形写像とするとき，以下が成り立つ．

$$\dim \mathrm{Ker}\, f + \dim \mathrm{Im}\, f = \dim V$$

【証明】　$\boldsymbol{u}_1, \ldots, \boldsymbol{u}_m$ を $\mathrm{Ker}\, f$ の基底，$\boldsymbol{v}_1, \ldots, \boldsymbol{v}_n$ を $\mathrm{Im}\, f$ の基底とする．$\mathrm{Im}\, f$ の定義により $\boldsymbol{u}_{m+1}, \ldots, \boldsymbol{u}_{m+n} \in V$ で $\boldsymbol{v}_1 = f(\boldsymbol{u}_{m+1}), \ldots, \boldsymbol{v}_n = f(\boldsymbol{u}_{m+n})$ となるものが存在する．$m + n$ 個のベクトル $\boldsymbol{u}_1, \ldots, \boldsymbol{u}_{m+n}$ が V の基底となることを示す．

$$\sum_{j=1}^{m+n} c_j \boldsymbol{u}_j = \mathbf{0}$$

とする．f の線形性を用いて

$$\mathbf{0} = f\left(\sum_{j=1}^{m+n} c_j \boldsymbol{u}_j\right) = \sum_{j=1}^{m+n} c_j f(\boldsymbol{u}_j) = \sum_{j=1}^{n} c_{m+j} f(\boldsymbol{u}_{m+j}) = \sum_{j=1}^{n} c_{m+j} \boldsymbol{v}_j$$

であるが，$\boldsymbol{v}_1, \ldots, \boldsymbol{v}_n$ の一次独立性により $c_{m+1} = \cdots = c_{m+n} = 0$．よって $\sum_{j=1}^{m} c_j \boldsymbol{u}_j = \mathbf{0}$ で，今度は $\boldsymbol{u}_1, \ldots, \boldsymbol{u}_m$ の一次独立性により $c_1 = \cdots = c_m = 0$．$\boldsymbol{u}_1, \ldots, \boldsymbol{u}_{m+n}$ は一次独立である．次に $\boldsymbol{u} \in V$ とする．$f(\boldsymbol{u}) \in \mathrm{Im}\, f$ であるから $c_1, \ldots, c_n \in \mathbb{R}$ が存在して

$$f(\boldsymbol{u}) = \sum_{j=1}^{n} c_j \boldsymbol{v}_j$$

と一次結合で表される．f の線形性によって

$$\mathbf{0} = f(\boldsymbol{u}) - \sum_{j=1}^{n} c_j f(\boldsymbol{u}_{m+j}) = f\left(\boldsymbol{u} - \sum_{j=1}^{n} c_j \boldsymbol{u}_{m+j}\right)$$

であるから $\boldsymbol{u} - \sum_{j=1}^{n} c_j \boldsymbol{u}_{m+j} \in \operatorname{Ker} f$．$c'_1, \ldots, c'_m \in \mathbb{R}$ が存在して

$$\boldsymbol{u} - \sum_{j=1}^{n} c_j \boldsymbol{u}_{m+j} = \sum_{k=1}^{m} c'_k \boldsymbol{u}_k$$

と一次結合で表せる．すなわち

$$\boldsymbol{u} = \sum_{k=1}^{m} c'_k \boldsymbol{u}_k + \sum_{j=1}^{n} c_j \boldsymbol{u}_{m+j}$$

であるから $\boldsymbol{u}_1, \ldots, \boldsymbol{u}_{m+n}$ は V を生成する．以上によりこれらは V の基底であることが示された．★

<u>表現行列</u>　$f\colon V \to W$ を線形写像とする．V の基底を $\boldsymbol{u}_1, \ldots, \boldsymbol{u}_n$, W の基底を $\boldsymbol{v}_1, \ldots, \boldsymbol{v}_m$ とすると $f(\boldsymbol{u}_1), \ldots, f(\boldsymbol{u}_n) \in W$ であるからこれらは $\boldsymbol{v}_1, \ldots, \boldsymbol{v}_m$ の一次結合で表される．すなわち $k = 1, \ldots, n$ に対して

$$f(\boldsymbol{u}_k) = \sum_{j=1}^{m} a_{jk} \boldsymbol{v}_j \tag{4.2.2}$$

である．a_{jk} を j, k 成分とする行列を A とすると A は $m \times n$ 行列であり

$$(f(\boldsymbol{u}_1), \ldots, f(\boldsymbol{u}_n)) = (\boldsymbol{v}_1, \ldots, \boldsymbol{v}_m)\, A \tag{4.2.3}$$

と表される．この $m \times n$ 行列 A を V の基底 $\boldsymbol{u}_1, \ldots, \boldsymbol{u}_n$ と W の基底 $\boldsymbol{v}_1, \ldots, \boldsymbol{v}_m$ に関する f の**表現行列**という．命題 4.1.2 により一次結合による表現 (4.2.2) は一意的である．よって 2 組の基底を固定したならば表現行列 A は f によって一意的に定まることに注意されたい．

$V = \mathbb{R}^n$ かつ $W = \mathbb{R}^m$ で，基底としてはそれぞれ基本ベクトルを選んだとしてみよう．(4.2.3) の両辺は行列となり

$$(f(\boldsymbol{e}_1) \ \cdots \ f(\boldsymbol{e}_n)) = (\boldsymbol{e}_1 \ \cdots \ \boldsymbol{e}_m)\, A = A$$

である．$\boldsymbol{x} \in \mathbb{R}^n$ が

$$\boldsymbol{x} = \sum_{j=1}^{n} x_j \boldsymbol{e}_j$$

と表されているとすると

$$f(\boldsymbol{x}) = \sum_{j=1}^{n} x_j f(\boldsymbol{e}_j) = A\boldsymbol{x}$$

となるので f は $m \times n$ 行列 A による線形写像 (4.2.1) に他ならない．すなわち，(4.2.3) における表現行列 A は，抽象的なベクトル空間の間の写像を基底 $\boldsymbol{u}_1, \ldots, \boldsymbol{u}_n$ と $\boldsymbol{v}_1, \ldots, \boldsymbol{v}_m$ に関して行列で表したものとなっている．実際，任意の $\boldsymbol{u} \in V$ が

$$\boldsymbol{u} = \sum_{j=1}^{n} u_j \boldsymbol{u}_j \tag{4.2.4}$$

と表されているとして，$f(\boldsymbol{u}) \in W$ も同じように

$$f(\boldsymbol{u}) = \sum_{j=1}^{m} v_j \boldsymbol{v}_j = (\boldsymbol{v}_1, \ldots, \boldsymbol{v}_m) \begin{pmatrix} v_1 \\ \vdots \\ v_m \end{pmatrix} \tag{4.2.5}$$

と表す．(4.2.4) に f を施して (4.2.3) により

$$f(\boldsymbol{u}) = \sum_{j=1}^{n} u_j f(\boldsymbol{u}_j) = (\boldsymbol{v}_1, \ldots, \boldsymbol{v}_m)\, A \begin{pmatrix} u_1 \\ \vdots \\ u_n \end{pmatrix} \tag{4.2.6}$$

となる．(4.2.5) と (4.2.6) を見比べると，$\boldsymbol{v}_1, \ldots, \boldsymbol{v}_m$ の一次独立性から

$$\begin{pmatrix} v_1 \\ \vdots \\ v_m \end{pmatrix} = A \begin{pmatrix} u_1 \\ \vdots \\ u_n \end{pmatrix}$$

が得られる（補題 4.2.6 の証明を参照せよ）．これは線形写像 $f\colon V \to W$ を A で表したものである．

逆に $m \times n$ 行列 A が与えられたとする．命題 4.1.2 によって $\boldsymbol{u} \in V$ の表現 (4.2.4) は一意的である．そこで写像 f を (4.2.2) および

$$f(\boldsymbol{u}) = \sum_{j=1}^{n} u_j f(\boldsymbol{u}_j)$$

によって定義すれば $f\colon V \to W$ が線形写像になることは容易に確かめられる

(当然その表現行列は A である). 結局, 線形写像 f と表現行列 A は 1 対 1 に対応し, 抽象的なベクトル空間の間の線形写像であっても対応する表現行列を考えれば十分であることが分かった.

前置きが長くなってしまったが, 2 つの定理を紹介して本章を終えることにしよう. 基底の変換行列と線形写像の表現行列には次のような関係がある.

定理 4.2.4 $f\colon V \to W$ を線形写像とする. V の基底を $\boldsymbol{u}_1, \ldots, \boldsymbol{u}_n$ および $\boldsymbol{u}'_1, \ldots, \boldsymbol{u}'_n$, W の基底を $\boldsymbol{v}_1, \ldots, \boldsymbol{v}_m$ および $\boldsymbol{v}'_1, \ldots, \boldsymbol{v}'_m$ として, それぞれの基底の変換行列 P と Q が

$$\left(\boldsymbol{u}'_1, \ldots, \boldsymbol{u}'_n\right) = (\boldsymbol{u}_1, \ldots, \boldsymbol{u}_n)\, P, \quad \left(\boldsymbol{v}'_1, \ldots, \boldsymbol{v}'_m\right) = (\boldsymbol{v}_1, \ldots, \boldsymbol{v}_m)\, Q$$

で与えられているとする. また, f の $\boldsymbol{u}_1, \ldots, \boldsymbol{u}_n$ と $\boldsymbol{v}_1, \ldots, \boldsymbol{v}_m$ に関する表現行列を A, $\boldsymbol{u}'_1, \ldots, \boldsymbol{u}'_n$ と $\boldsymbol{v}'_1, \ldots, \boldsymbol{v}'_m$ に関する表現行列を B としたとき

$$B = Q^{-1}AP$$

が成り立つ.

f が V から V 自身への線形写像であるとき, V の基底 $\boldsymbol{u}_1, \ldots, \boldsymbol{u}_n$ に関する表現行列 A を

$$(f(\boldsymbol{u}_1), \ldots, f(\boldsymbol{u}_n)) = (\boldsymbol{u}_1, \ldots, \boldsymbol{u}_n)\, A$$

で定義する.

定理 4.2.5 $f\colon V \to V$ を線形写像とする. V の基底 $\boldsymbol{u}_1, \ldots, \boldsymbol{u}_n$ と $\boldsymbol{u}'_1, \ldots, \boldsymbol{u}'_n$ の変換行列 P を

$$\left(\boldsymbol{u}'_1, \ldots, \boldsymbol{u}'_n\right) = (\boldsymbol{u}_1, \ldots, \boldsymbol{u}_n)\, P$$

で与える. f の $\boldsymbol{u}_1, \ldots, \boldsymbol{u}_n$ に関する表現行列を A, $\boldsymbol{u}'_1, \ldots, \boldsymbol{u}'_n$ に関する表現行列を B としたとき

$$B = P^{-1}AP$$

が成り立つ.

定理 4.2.5 は定理 4.2.4 から直ちに従うので，定理 4.2.4 を証明すれば十分である．1 つ補題を準備する．

補題 4.2.6　$\boldsymbol{u}_1, \ldots, \boldsymbol{u}_m$ を一次独立，A は $m \times n$ 行列で

$$(\boldsymbol{u}_1, \ldots, \boldsymbol{u}_m)\, A = (\boldsymbol{0}, \ldots, \boldsymbol{0}) \tag{4.2.7}$$

であるなら $A = (\boldsymbol{0} \cdots \boldsymbol{0})$ である．

【証明】　A の j, k 成分を a_{jk} とすると (4.2.7) により，$k = 1, \ldots, n$ に対して

$$\sum_{j=1}^{m} a_{jk} \boldsymbol{u}_j = \boldsymbol{0}$$

である．$\boldsymbol{u}_1, \ldots, \boldsymbol{u}_m$ は一次独立であるから $a_{1k} = \cdots = a_{mk} = 0$ となる．★

【定理 4.2.4 の証明】　P の j, k 成分を p_{jk} とすると，基底の変換行列 P と表現行列 A によって

$$\begin{aligned}\bigl(f(\boldsymbol{u}'_1), \ldots, f(\boldsymbol{u}'_n)\bigr) &= \left(\sum_{j=1}^{n} p_{j1} f(\boldsymbol{u}_1), \ldots, \sum_{j=1}^{n} p_{jn} f(\boldsymbol{u}_n)\right) \\ &= (f(\boldsymbol{u}_1), \ldots, f(\boldsymbol{u}_n))\, P \\ &= (\boldsymbol{v}_1, \ldots, \boldsymbol{v}_m)\, AP\end{aligned}$$

である．一方，表現行列 B と基底の変換行列 Q によって

$$\bigl(f(\boldsymbol{u}'_1), \ldots, f(\boldsymbol{u}'_n)\bigr) = \bigl(\boldsymbol{v}'_1, \ldots, \boldsymbol{v}'_m\bigr)\, B = (\boldsymbol{v}_1, \ldots, \boldsymbol{v}_m)\, QB$$

とも表せるので

$$(\boldsymbol{v}_1, \ldots, \boldsymbol{v}_m)\, AP = (\boldsymbol{v}_1, \ldots, \boldsymbol{v}_m)\, QB$$

である．$\boldsymbol{v}_1, \ldots, \boldsymbol{v}_m$ は一次独立であるから補題 4.2.6 より $AP = QB$．命題 4.1.7 により Q は正則行列なので

$$B = Q^{-1} AP$$

である．★

演習問題

□ **4.1**　n を 2 以上の自然数として，$\boldsymbol{u}_1, \ldots, \boldsymbol{u}_n$ は一次独立であるとする．

(1)　$k = 1, \ldots, n$ に対して

$$\boldsymbol{v}_k = \sum_{j=1}^{k} \boldsymbol{u}_j$$

とおく．$\boldsymbol{v}_1, \ldots, \boldsymbol{v}_n$ が一次独立か一次従属か調べよ．

(2)　$k = 1, \ldots, n$ に対して

$$\boldsymbol{v}_k = \sum_{j=1, j\neq k}^{n} \boldsymbol{u}_j$$

とおく．$\boldsymbol{v}_1, \ldots, \boldsymbol{v}_n$ が一次独立か一次従属か調べよ．

□ **4.2**

$$A = \begin{pmatrix} 7 & -2 & -4 & 1 \\ 5 & 3 & 1 & -1 \\ 2 & 1 & -7 & 4 \\ -4 & 6 & 2 & -1 \end{pmatrix}, \quad B = \begin{pmatrix} ax & bx & cx \\ ay & by & cy \\ az & bz & cz \end{pmatrix}$$

とする．解空間 W_A および W_B を求めよ．

□ **4.3**

$$\boldsymbol{x}_1 = \begin{pmatrix} 1 \\ 2 \\ 1 \\ 3 \end{pmatrix}, \quad \boldsymbol{x}_2 = \begin{pmatrix} -2 \\ 1 \\ -1 \\ 4 \end{pmatrix}, \quad \boldsymbol{x}_3 = \begin{pmatrix} -1 \\ 3 \\ 0 \\ 7 \end{pmatrix}, \quad \boldsymbol{x}_4 = \begin{pmatrix} -5 \\ 0 \\ -3 \\ 5 \end{pmatrix}, \quad \boldsymbol{x}_5 = \begin{pmatrix} 2 \\ 3 \\ 4 \\ 6 \end{pmatrix}$$

によって生成される $\mathbb{R}^4$ の部分空間を W とする．W の次元と基底を求めよ．

□ **4.4**　(1)　以下で定まる線形写像 f の核および像の基底を求めよ．

$$f \colon \mathbb{R}^5 \longrightarrow \mathbb{R}^4$$

$$\begin{pmatrix} x_1 \\ x_2 \\ x_3 \\ x_4 \\ x_5 \end{pmatrix} \longmapsto \begin{pmatrix} 3 & -6 & 5 & 11 & -7 \\ 1 & -2 & -5 & 2 & -4 \\ -3 & 6 & -1 & -10 & 8 \\ 1 & -2 & 3 & 4 & -2 \end{pmatrix} \begin{pmatrix} x_1 \\ x_2 \\ x_3 \\ x_4 \\ x_5 \end{pmatrix}$$

(2)　以下で定まる線形写像 g の核および像の基底を求めよ.

$$g\colon \mathbb{R}^5 \longrightarrow \mathbb{R}^4$$

$$\begin{pmatrix} x_1 \\ x_2 \\ x_3 \\ x_4 \\ x_5 \end{pmatrix} \longmapsto \begin{pmatrix} 2 & 1 & 5 & 4 & -2 \\ -5 & -1 & 2 & 1 & 5 \\ 2 & 1 & -1 & 4 & 2 \\ 4 & 2 & 7 & 8 & -2 \end{pmatrix} \begin{pmatrix} x_1 \\ x_2 \\ x_3 \\ x_4 \\ x_5 \end{pmatrix}$$

□ **4.5**　線形写像 f を以下で定める.

$$f\colon \mathbb{R}^3 \longrightarrow \mathbb{R}^3$$

$$\begin{pmatrix} x_1 \\ x_2 \\ x_3 \end{pmatrix} \longmapsto \begin{pmatrix} 4 & -2 & 3 \\ -2 & 0 & -3 \\ 2 & -2 & 3 \end{pmatrix} \begin{pmatrix} x_1 \\ x_2 \\ x_3 \end{pmatrix}$$

基底

$$\begin{pmatrix} -3 \\ 1 \\ -1 \end{pmatrix}, \quad \begin{pmatrix} -1 \\ -3 \\ 3 \end{pmatrix}, \quad \begin{pmatrix} -3 \\ -1 \\ -1 \end{pmatrix}$$

に関する f の表現行列を求めよ.

□ **4.6**　線形写像 f を以下で定める.

$$f\colon \mathbb{R}^4 \longrightarrow \mathbb{R}^3$$

$$\begin{pmatrix} x_1 \\ x_2 \\ x_3 \\ x_4 \end{pmatrix} \longmapsto \begin{pmatrix} -1 & 2 & 0 & 3 \\ 2 & 0 & -2 & -1 \\ -3 & 2 & 0 & -1 \end{pmatrix} \begin{pmatrix} x_1 \\ x_2 \\ x_3 \\ x_4 \end{pmatrix}$$

基底

$$\begin{pmatrix} 3 \\ -1 \\ 0 \\ 2 \end{pmatrix}, \begin{pmatrix} 0 \\ -2 \\ 3 \\ 3 \end{pmatrix}, \begin{pmatrix} -1 \\ 0 \\ -4 \\ 0 \end{pmatrix}, \begin{pmatrix} 2 \\ -3 \\ 2 \\ -2 \end{pmatrix} \quad \text{と} \quad \begin{pmatrix} -1 \\ -2 \\ 1 \end{pmatrix}, \begin{pmatrix} 3 \\ 0 \\ -2 \end{pmatrix}, \begin{pmatrix} 2 \\ -1 \\ -1 \end{pmatrix}$$

に関する f の表現行列を求めよ.

問題の解答

1 章

1.1 節の問題

1.1.1 (1) $\begin{pmatrix} 6 & 6 \\ 3 & 8 \end{pmatrix}$ (2) $\begin{pmatrix} 41 & 93 \\ 7 & 7 \end{pmatrix}$ (3) $\begin{pmatrix} 9 & \frac{27}{2} \\ 9 & 12 \end{pmatrix}$ (4) $\begin{pmatrix} \frac{11}{5} & \frac{37}{15} \\ \frac{25}{4} & \frac{25}{4} \end{pmatrix}$

1.1.2 (1) $\begin{pmatrix} -2 & 1 & 4 \\ 1 & 3 & -7 \\ -5 & 6 & 1 \end{pmatrix}$ (2) $\begin{pmatrix} 5 & 136 & -20 \\ -44 & -43 & 104 \\ 23 & -5 & 92 \end{pmatrix}$

1.1.3 $AB = \begin{pmatrix} 12 & -11 \end{pmatrix}$, $AC = \begin{pmatrix} 7 & 17 & -12 \end{pmatrix}$,

$BC = \begin{pmatrix} 0 & 9 & -1 \\ -5 & 11 & 6 \end{pmatrix}$, $CD = \begin{pmatrix} 1 & 14 \\ -4 & 10 \end{pmatrix}$,

$DB = \begin{pmatrix} 16 & -18 \\ 8 & -9 \\ 6 & -3 \end{pmatrix}$, $DC = \begin{pmatrix} 10 & 14 & -16 \\ 5 & 7 & -8 \\ 3 & 15 & -6 \end{pmatrix}$

1.2 節の問題

1.2.3 (1) $A^3 = \begin{pmatrix} 1 & 0 \\ 0 & 1 \end{pmatrix}$, $A^4 = \begin{pmatrix} 3 & 13 \\ -1 & -4 \end{pmatrix}$

(2) $A^3 = \begin{pmatrix} 8 & 0 \\ 0 & 8 \end{pmatrix}$, $A^4 = \begin{pmatrix} 8\sqrt{3} - 8 & 8\sqrt{5} - 8\sqrt{11} \\ 8\sqrt{5} + 8\sqrt{11} & -8\sqrt{3} - 8 \end{pmatrix}$

1.2.5 $A^3 + 4A^2 + 18A - 8E_2 = 15A - 8E_2 = \begin{pmatrix} 22 & -45 \\ 75 & -98 \end{pmatrix}$

1.3 節の問題

1.3.5 $P^{-1}AP = \begin{pmatrix} -2 & 0 \\ 0 & 3 \end{pmatrix}$, $A^n = \begin{pmatrix} 2 \times 3^n - (-2)^n & 2(-2)^n - 2 \times 3^n \\ 3^n - (-2)^n & 2(-2)^n - 3^n \end{pmatrix}$

1.4 節の問題

1.4.2 (1) $\begin{pmatrix} x \\ y \end{pmatrix} = \begin{pmatrix} \frac{3}{5} \\ -\frac{1}{5} \end{pmatrix}$ (2) $\begin{pmatrix} x \\ y \end{pmatrix} = \begin{pmatrix} \frac{11}{7} \\ \frac{1}{7} \end{pmatrix}$

1.4.6　(1)　解なし　　(2)　$\begin{pmatrix} x \\ y \end{pmatrix} = \begin{pmatrix} -5 \\ -4 \end{pmatrix}$

(3)　$\begin{pmatrix} x \\ y \end{pmatrix} = \begin{pmatrix} 3+3c \\ c \end{pmatrix}$，ただし c は実数　　(4)　$\begin{pmatrix} x \\ y \end{pmatrix} = \begin{pmatrix} -\frac{8}{3} \\ 7 \end{pmatrix}$

1.4.8　(1)　$a \neq -\dfrac{4}{5}$ のとき $\begin{pmatrix} x \\ y \end{pmatrix} = \begin{pmatrix} 1 \\ 0 \end{pmatrix}$

$a = -\dfrac{4}{5}$ のとき $\begin{pmatrix} x \\ y \end{pmatrix} = \begin{pmatrix} 1-5c \\ c \end{pmatrix}$，ただし c は実数

(2)　$a \neq -3$ かつ $a \neq 1$ のとき $\begin{pmatrix} x \\ y \end{pmatrix} = \begin{pmatrix} \frac{1}{a-1} \\ -\frac{3}{a-1} \end{pmatrix}$

$a = -3$ のとき $\begin{pmatrix} x \\ y \end{pmatrix} = \begin{pmatrix} c-1 \\ c \end{pmatrix}$，ただし c は実数

$a = 1$ のとき 解なし

1 章の演習問題

■ **1.1**　(1)　$AB + BC + CA = \begin{pmatrix} \frac{67}{2} & \frac{149}{6} \\ \frac{101}{6} & -12 \end{pmatrix}$

(2)　$A^2 + B^2 + C^2 = \begin{pmatrix} \frac{213}{4} & -\frac{39}{2} \\ \frac{38}{3} & \frac{307}{9} \end{pmatrix}$

■ **1.2**　(1)　$E_2 + A + A^2 = \begin{pmatrix} -22 & -40 \\ 56 & -14 \end{pmatrix}$　　(2)　$E_2 - A^3 = \begin{pmatrix} 324 & 10 \\ -14 & 322 \end{pmatrix}$

■ **1.3**　$A^n = (\alpha + \beta)^{n-1} A,\ B^n = \begin{pmatrix} \cos n\theta & -\sin n\theta \\ \sin n\theta & \cos n\theta \end{pmatrix}$

$x \neq z$ のとき $C^n = \begin{pmatrix} x^n & \frac{(x^n - z^n)y}{x-z} \\ 0 & z^n \end{pmatrix}$

$x = z$ のとき $C^n = \begin{pmatrix} x^n & nx^{n-1}y \\ 0 & x^n \end{pmatrix}$

■ **1.4**　$A^n = \begin{pmatrix} \frac{2(-3)^n + 5 \times 4^n}{7} & \frac{-5(-3)^n + 5 \times 4^n}{7} \\ \frac{-2(-3)^n + 2 \times 4^n}{7} & \frac{5(-3)^n + 2 \times 4^n}{7} \end{pmatrix}$

1.5 ある $n \geq 3$ に対して $A^n = O_n$ より $|A| = ad - bc = 0$ である．

$$A = \begin{pmatrix} a & b \\ c & d \end{pmatrix}$$

とおくと，ケイリー–ハミルトンの定理により $A^2 = (a+d)A$ であるから

$$O_2 = A^n = (a+d)^{n-2}A^2$$

これより $A^2 = O_2$．★

2章

2.1 節の問題

2.1.2 (1) $x_1 = -13,\ x_2 = -4$

(2) $x_1 = \dfrac{1}{2},\ x_2 = \dfrac{1}{4}$

2.1.4 (1) $x_1 = 2,\ x_2 = 0,\ x_3 = 2$

(2) $x_1 = 4,\ x_2 = -2,\ x_3 = -1$

(3) $x_1 = \dfrac{1}{2},\ x_2 = \dfrac{3}{2},\ x_3 = 2$

(4) $x_1 = \dfrac{3}{5},\ x_2 = \dfrac{2}{5},\ x_3 = \dfrac{4}{5}$

2.1.6 (1) $x_1 = 3,\ x_2 = -1,\ x_3 = -1,\ x_4 = -1$

(2) $x_1 = \dfrac{5}{3},\ x_2 = \dfrac{1}{3},\ x_3 = -1,\ x_4 = 1$

2.2 節の問題

2.2.5

$\operatorname{rank} A = 2$，簡約行列は $\begin{pmatrix} 1 & 0 \\ & 1 \end{pmatrix}$

$\operatorname{rank} B = 2$，簡約行列は $\begin{pmatrix} 1 & 0 & 7 \\ & 1 & -\frac{5}{2} \end{pmatrix}$

$\operatorname{rank} C = 1$，簡約行列は $\begin{pmatrix} 1 & -3 & -6 \\ & & \end{pmatrix}$

2.2.6

$\operatorname{rank} A = 2$，簡約行列は $\begin{pmatrix} 1 & 0 & 2 & 1 \\ & 1 & \frac{3}{2} & 1 \\ & & & \end{pmatrix}$

$\operatorname{rank} B = 3$，簡約行列は $\begin{pmatrix} 1 & 0 & 0 & -2 \\ & 1 & 0 & 2 \\ & & 1 & 1 \end{pmatrix}$

$\operatorname{rank} C = 2$，簡約行列は $\begin{pmatrix} 1 & 0 & -\frac{17}{5} & \frac{3}{5} \\ & 1 & -\frac{1}{5} & \frac{9}{5} \\ & & & \end{pmatrix}$

$\operatorname{rank} D = 3$，簡約行列は $\begin{pmatrix} 1 & 0 & \frac{3}{4} & 0 \\ & 1 & \frac{1}{4} & 0 \\ & & & 1 \end{pmatrix}$

2.2.8 $\operatorname{rank} A = 2$，簡約行列は $\begin{pmatrix} 1 & 2 & 0 & -2 & 0 & -\frac{5}{2} \\ & & 1 & -4 & 3 & -4 \\ & & & & & \end{pmatrix}$

2.2.13 (1) $\begin{pmatrix} x_1 \\ x_2 \\ x_3 \end{pmatrix} = \begin{pmatrix} \frac{7}{5} \\ 0 \\ \frac{1}{5} \end{pmatrix} + c \begin{pmatrix} -2 \\ 1 \\ 0 \end{pmatrix}$

(2) $\begin{pmatrix} x_1 \\ x_2 \\ x_3 \end{pmatrix} = \begin{pmatrix} 2 \\ -\frac{4}{3} \\ 0 \end{pmatrix} + c \begin{pmatrix} -1 \\ -\frac{4}{3} \\ 1 \end{pmatrix}$

2.2.15 $\begin{pmatrix} x_1 \\ x_2 \\ x_3 \\ x_4 \\ x_5 \end{pmatrix} = \begin{pmatrix} -\frac{3}{2} \\ 0 \\ 1 \\ 0 \\ \frac{1}{2} \end{pmatrix} + c_1 \begin{pmatrix} -2 \\ 1 \\ 0 \\ 0 \\ 0 \end{pmatrix} + c_2 \begin{pmatrix} -2 \\ 0 \\ 1 \\ 1 \\ 0 \end{pmatrix}$

2.2.16 (1) 解なし (2) $\begin{pmatrix} x_1 \\ x_2 \\ x_3 \end{pmatrix} = \begin{pmatrix} 1 \\ 0 \\ 0 \end{pmatrix} + c_1 \begin{pmatrix} \frac{2}{3} \\ 1 \\ 0 \end{pmatrix} + c_2 \begin{pmatrix} 2 \\ 0 \\ 1 \end{pmatrix}$

(3) $\begin{pmatrix} x_1 \\ x_2 \\ x_3 \\ x_4 \end{pmatrix} = \begin{pmatrix} 3 \\ 2 \\ -\frac{3}{2} \\ 0 \end{pmatrix} + c \begin{pmatrix} -1 \\ -1 \\ 0 \\ 1 \end{pmatrix}$ (4) 解なし

(5) $$\begin{pmatrix} x_1 \\ x_2 \\ x_3 \\ x_4 \\ x_5 \end{pmatrix} = \begin{pmatrix} \frac{5}{4} \\ -\frac{9}{4} \\ \frac{1}{2} \\ 0 \\ \frac{1}{2} \end{pmatrix} + c \begin{pmatrix} \frac{11}{10} \\ \frac{11}{10} \\ \frac{1}{5} \\ 1 \\ 0 \end{pmatrix}$$

2.2.19 (1) $$\begin{pmatrix} x_1 \\ x_2 \\ x_3 \end{pmatrix} = c \begin{pmatrix} 3 \\ -2 \\ 1 \end{pmatrix}$$ (2) $$\begin{pmatrix} x_1 \\ x_2 \\ x_3 \end{pmatrix} = \begin{pmatrix} 0 \\ 0 \\ 0 \end{pmatrix}$$

(3) $$\begin{pmatrix} x_1 \\ x_2 \\ x_3 \\ x_4 \end{pmatrix} = c_1 \begin{pmatrix} -1 \\ 1 \\ 0 \\ 0 \end{pmatrix} + c_2 \begin{pmatrix} -\frac{5}{6} \\ 0 \\ \frac{1}{6} \\ 1 \end{pmatrix}$$

2.3 節の問題

2.3.3 $\operatorname{rank} A = 2$ で A は正則ではない，$\operatorname{rank} B = 4$ で B は正則

2.3.7 $$A^{-1} = \begin{pmatrix} \frac{3}{8} & -1 & \frac{9}{8} \\ \frac{1}{8} & 0 & \frac{3}{8} \\ \frac{3}{8} & 0 & \frac{1}{8} \end{pmatrix},\ B^{-1} = \begin{pmatrix} \frac{1}{10} & \frac{1}{10} & -\frac{2}{5} \\ \frac{1}{10} & -\frac{2}{5} & \frac{1}{10} \\ -\frac{2}{5} & \frac{1}{10} & \frac{1}{10} \end{pmatrix}$$

2.3.8 $$A^{-1} = \begin{pmatrix} -1 & \frac{1}{4} & -1 \\ 2 & -1 & 3 \\ -1 & \frac{1}{2} & -2 \end{pmatrix},$$ B は正則ではない，

$$C^{-1} = \begin{pmatrix} 0 & \frac{1}{3} & -\frac{1}{3} \\ -\frac{1}{3} & 0 & \frac{2}{3} \\ \frac{2}{3} & -\frac{1}{3} & 0 \end{pmatrix},$$ D は正則ではない

2.3.10 $$A^{-1} = \begin{pmatrix} 13 & 19 & -14 & 2 \\ -4 & -5 & 4 & -1 \\ -8 & -12 & 9 & -1 \\ 7 & 11 & -8 & 1 \end{pmatrix},\ B^{-1} = \begin{pmatrix} 3 & -\frac{7}{4} & -\frac{5}{2} & -\frac{5}{4} \\ 4 & -\frac{11}{4} & -\frac{11}{2} & -\frac{9}{4} \\ -1 & \frac{3}{4} & \frac{1}{2} & \frac{1}{4} \\ -7 & 5 & 9 & 4 \end{pmatrix}$$

2.3.12 (1) $$\begin{pmatrix} x_1 \\ x_2 \\ x_3 \end{pmatrix} = \begin{pmatrix} -3 & -2 & 1 \\ -6 & -3 & 2 \\ -4 & -2 & 1 \end{pmatrix} \begin{pmatrix} 1 \\ 2 \\ 3 \end{pmatrix} = \begin{pmatrix} -4 \\ -6 \\ -5 \end{pmatrix}$$

(2) $$\begin{pmatrix} x_1 \\ x_2 \\ x_3 \end{pmatrix} = \begin{pmatrix} \frac{1}{4} & \frac{1}{4} & \frac{1}{4} \\ \frac{17}{2} & \frac{13}{2} & \frac{7}{2} \\ -5 & -4 & -2 \end{pmatrix} \begin{pmatrix} 2 \\ -4 \\ 1 \end{pmatrix} = \begin{pmatrix} -\frac{1}{4} \\ -\frac{11}{2} \\ 4 \end{pmatrix}$$

2.3.13 $$\begin{pmatrix} x_1 \\ x_2 \\ x_3 \\ x_4 \end{pmatrix} = \begin{pmatrix} 23 & -\frac{55}{3} & -\frac{10}{3} & -\frac{71}{3} \\ -9 & 7 & 1 & 9 \\ -12 & \frac{29}{3} & \frac{5}{3} & \frac{37}{3} \\ -23 & \frac{56}{3} & \frac{11}{3} & \frac{73}{3} \end{pmatrix} \begin{pmatrix} 2 \\ 3 \\ 12 \\ -3 \end{pmatrix} = \begin{pmatrix} 22 \\ -12 \\ -12 \\ -19 \end{pmatrix}$$

2.4 節の問題

2.4.2 (1) 0 (2) -133 (3) $\dfrac{55}{36}$

2.4.9 (1) 18 (2) $-\dfrac{16}{27}$

2.4.15 (1) 80 (2) -63

2.4.20 (1) -85 (2) $-\dfrac{2}{9}$

2.4.23 (1) 343 (2) $-\dfrac{74}{3}$

(3) $xyz + 42x - 4y + 10z - 83$

(4) $(x-y)(y-z)(z-x)$

2.4.25 (1) 1047 (2) $-\dfrac{101}{8}$

2.4.27 -1575

2.4.30 A と B の各余因子をそれぞれ $\widetilde{a}_{jk}, \widetilde{b}_{jk}$ とする.

$$\begin{aligned} &\widetilde{a}_{11} = 7, &&\widetilde{a}_{12} = -21, &&\widetilde{a}_{13} = 13, \\ &\widetilde{a}_{21} = 18, &&\widetilde{a}_{22} = -1, &&\widetilde{a}_{23} = -12, \\ &\widetilde{a}_{31} = -3, &&\widetilde{a}_{32} = 9, &&\widetilde{a}_{33} = 2 \\ &\widetilde{b}_{11} = -1, &&\widetilde{b}_{12} = -\frac{11}{2}, &&\widetilde{b}_{13} = -\frac{21}{8}, \\ &\widetilde{b}_{21} = 3, &&\widetilde{b}_{22} = 10, &&\widetilde{b}_{23} = 3, \\ &\widetilde{b}_{31} = \frac{8}{3}, &&\widetilde{b}_{32} = \frac{49}{6}, &&\widetilde{b}_{33} = \frac{15}{4} \end{aligned}$$

2.4.34 $$A^{-1} = \begin{pmatrix} \frac{8}{5} & \frac{7}{5} & -1 \\ -1 & -1 & 1 \\ \frac{7}{5} & \frac{8}{5} & -1 \end{pmatrix}, \ B^{-1} = \begin{pmatrix} \frac{3}{5} & \frac{43}{30} & \frac{19}{30} \\ 1 & \frac{13}{6} & \frac{7}{6} \\ \frac{3}{5} & \frac{8}{5} & \frac{4}{5} \end{pmatrix}$$

2.5 節の問題

2.5.3 (1) $x_1 = \dfrac{7}{3}, x_2 = 5$ (2) $x_1 = \dfrac{17}{12}, x_2 = -\dfrac{5}{4}$

2.5.5 (1) $x_1 = 9, x_2 = \dfrac{31}{2}, x_3 = -6$ (2) $x_1 = -3, x_2 = 4, x_3 = \dfrac{1}{2}$

2.5.7 (1) $x_1 = 4, x_2 = 1, x_3 = 2, x_4 = -3$

(2) $x_1 = -2, x_2 = 3, x_3 = 2, x_4 = 3$

2 章の演習問題

2.1 $\operatorname{rank} A = 3,\ \operatorname{rank} B = \begin{cases} 1 & x = 0 \text{ のとき} \\ 2 & x = \pm 2 \text{ のとき} \\ 3 & \text{その他のとき} \end{cases}$,

$$\operatorname{rank} C = \begin{cases} 0 & x = y = 0 \text{ のとき} \\ 2 & x \neq 0 \text{ かつ } x^3 + y^3 = 0 \text{ のとき} \\ 3 & \text{その他のとき} \end{cases}$$

2.2 (1) $(x-y)(y-z)(z-x)$ (2) $-x(x-y)(y-z)(z-w)$

(3) $(2-x)(3-y)(4-z)$ (4) $2(x+y)(y+z)(z+x)$ (5) $4x^2y^2z^2$

2.3 $x_1 = 2, x_2 = 2, x_3 = -1, x_4 = -3, x_5 = 1$

2.4 与式左辺を $f(x, y)$ とおく．1 行目で展開すると

$$f(x, y) = c_1(x^2 + y^2) + c_2 x + c_3 y + c_4$$

と表せる．A, B, C が同一直線上にないので $c_1 \neq 0$ である．また

$$f(p_1, q_1) = f(p_2, q_2) = f(p_3, q_3) = 0$$

なので A, B, C は曲線 $f(x, y) = 0$ の上にある．もし $c_1 = c_2 = c_3 = 0$ なら A, B, C はいずれも原点となり矛盾する．よって $(c_1, c_2, c_3) \neq (0, 0, 0)$ である．★

3 章

3.1 節の問題

3.1.5 A の固有値は $\dfrac{3}{2}$ と $-\dfrac{2}{3}$，B の固有値は $\pm 2\sqrt{39}$

3.1.7 A の固有値は 0 と 1 と 3，B の固有値は 1 と -1

3.1.10 A の固有値は 6 と -7

6 に属する A の固有ベクトルは $\begin{pmatrix} -3 \\ 1 \end{pmatrix}$，$-7$ に属する A の固有ベクトルは $\begin{pmatrix} -\frac{2}{5} \\ 1 \end{pmatrix}$

B の固有値は $\frac{3}{4}$，$\frac{3}{4}$ に属する B の固有ベクトルは $\begin{pmatrix}1\\1\end{pmatrix}$

3.1.13

A の固有値は 1 と -3 と -4

1 に属する A の固有ベクトルは $\begin{pmatrix}\frac{1}{2}\\\frac{1}{2}\\1\end{pmatrix}$，$-3$ に属する A の固有ベクトルは $\begin{pmatrix}\frac{1}{2}\\-\frac{1}{2}\\1\end{pmatrix}$，

-4 に属する A の固有ベクトルは $\begin{pmatrix}3\\-2\\1\end{pmatrix}$

B の固有値は 1 と 4

1 に属する B の固有ベクトルは $\begin{pmatrix}0\\1\\0\end{pmatrix}$，$4$ に属する B の固有ベクトルは $\begin{pmatrix}1\\\frac{5}{3}\\1\end{pmatrix}$

3.2 節の問題

3.2.3

$P=\begin{pmatrix}-2&1\\1&1\end{pmatrix}$，$P^{-1}AP=\begin{pmatrix}5&\\&-1\end{pmatrix}$

$P=\begin{pmatrix}1&-8\\1&3\end{pmatrix}$，$P^{-1}BP=\begin{pmatrix}1&\\&\frac{1}{12}\end{pmatrix}$

3.2.5

$P=\begin{pmatrix}-1&1&1\\0&1&2\\1&1&1\end{pmatrix}$，$P^{-1}AP=\begin{pmatrix}-2&&\\&-3&\\&&-4\end{pmatrix}$

$P=\begin{pmatrix}-1&-3&1\\1&-1&-1\\1&6&2\end{pmatrix}$，$P^{-1}BP=\begin{pmatrix}-2&&\\&3&\\&&7\end{pmatrix}$

3.2.10

A は対角化不可能

B は対角化可能で，$P=\begin{pmatrix}2&1&2\\0&1&1\\1&0&1\end{pmatrix}$, $P^{-1}BP=\begin{pmatrix}-1&&\\&-1&\\&&1\end{pmatrix}$

3.2.12

問題 3.1.7 の A： $P = \begin{pmatrix} -1 & -1 & 1 \\ -1 & -2 & 0 \\ 1 & 1 & 1 \end{pmatrix}$, $P^{-1}AP = \begin{pmatrix} 0 & & \\ & 1 & \\ & & 3 \end{pmatrix}$

問題 3.1.7 の B： $P = \begin{pmatrix} 1 & 1 & 1 \\ 0 & 1 & 1 \\ 1 & 0 & 1 \end{pmatrix}$, $P^{-1}BP = \begin{pmatrix} -1 & & \\ & -1 & \\ & & 1 \end{pmatrix}$

問題 3.1.13 の A： $P = \begin{pmatrix} 1 & 1 & 3 \\ 1 & -1 & -2 \\ 2 & 2 & 1 \end{pmatrix}$, $P^{-1}AP = \begin{pmatrix} 1 & & \\ & -3 & \\ & & -4 \end{pmatrix}$

問題 3.1.13 の B は対角化不可能

3.3 節の問題

3.3.3 $\boldsymbol{y}_1 = \begin{pmatrix} \frac{1}{\sqrt{11}} \\ \frac{1}{\sqrt{11}} \\ \frac{3}{\sqrt{11}} \end{pmatrix}$, $\boldsymbol{y}_2 = \begin{pmatrix} -\frac{1}{\sqrt{110}} \\ \frac{10}{\sqrt{110}} \\ -\frac{3}{\sqrt{110}} \end{pmatrix}$

3.3.4 (1) $\boldsymbol{y}_1 = \begin{pmatrix} \frac{1}{\sqrt{6}} \\ -\frac{1}{\sqrt{6}} \\ \frac{2}{\sqrt{6}} \end{pmatrix}$, $\boldsymbol{y}_2 = \begin{pmatrix} \frac{5}{\sqrt{30}} \\ \frac{1}{\sqrt{30}} \\ -\frac{2}{\sqrt{30}} \end{pmatrix}$

(2) $\boldsymbol{y}_1 = \begin{pmatrix} \frac{3}{\sqrt{22}} \\ \frac{3}{\sqrt{22}} \\ -\frac{2}{\sqrt{22}} \end{pmatrix}$, $\boldsymbol{y}_2 = \begin{pmatrix} \frac{1}{\sqrt{11}} \\ \frac{1}{\sqrt{11}} \\ \frac{3}{\sqrt{11}} \end{pmatrix}$

3.3.8 A の固有値は $\dfrac{8}{15}$ と $-\dfrac{2}{15}$, B の固有値は $\dfrac{5}{3}$ と $\pm\dfrac{2}{3}$

3.3.11

$$P = \begin{pmatrix} \frac{1}{\sqrt{2}} & -\frac{1}{\sqrt{2}} \\ \frac{1}{\sqrt{2}} & \frac{1}{\sqrt{2}} \end{pmatrix}, \qquad P^T AP = \begin{pmatrix} 1 & \\ & 7 \end{pmatrix}$$

$$P = \begin{pmatrix} \frac{1}{\sqrt{10}} & -\frac{3}{\sqrt{10}} \\ \frac{3}{\sqrt{10}} & \frac{1}{\sqrt{10}} \end{pmatrix}, \quad P^T BP = \begin{pmatrix} -6 & \\ & 4 \end{pmatrix}$$

3.3.13

$$P=\begin{pmatrix}-\frac{1}{\sqrt{2}} & \frac{1}{\sqrt{3}} & \frac{1}{\sqrt{6}}\\ 0 & \frac{1}{\sqrt{3}} & -\frac{2}{\sqrt{6}}\\ \frac{1}{\sqrt{2}} & \frac{1}{\sqrt{3}} & \frac{1}{\sqrt{6}}\end{pmatrix},\quad P^TAP=\begin{pmatrix}-1 & & \\ & 2 & \\ & & 5\end{pmatrix}$$

$$P=\begin{pmatrix}\frac{1}{\sqrt{2}} & -\frac{1}{\sqrt{3}} & -\frac{1}{\sqrt{6}}\\ 0 & \frac{1}{\sqrt{3}} & -\frac{2}{\sqrt{6}}\\ \frac{1}{\sqrt{2}} & \frac{1}{\sqrt{3}} & \frac{1}{\sqrt{6}}\end{pmatrix},\quad P^TBP=\begin{pmatrix}3 & & \\ & 4 & \\ & & -5\end{pmatrix}$$

3.3.15

$$P=\begin{pmatrix}-\frac{1}{\sqrt{2}} & -\frac{1}{3\sqrt{2}} & \frac{2}{3}\\ \frac{1}{\sqrt{2}} & -\frac{1}{3\sqrt{2}} & \frac{2}{3}\\ 0 & \frac{4}{3\sqrt{2}} & \frac{1}{3}\end{pmatrix},\quad P^TAP=\begin{pmatrix}1 & & \\ & 1 & \\ & & 10\end{pmatrix}$$

$$P=\begin{pmatrix}\frac{1}{\sqrt{5}} & -\frac{4}{3\sqrt{5}} & \frac{2}{3}\\ \frac{2}{\sqrt{5}} & \frac{2}{3\sqrt{5}} & -\frac{1}{3}\\ 0 & \frac{5}{3\sqrt{5}} & \frac{2}{3}\end{pmatrix},\quad P^TBP=\begin{pmatrix}-2 & & \\ & -2 & \\ & & 7\end{pmatrix}$$

3.3.16

$$P=\begin{pmatrix}-\frac{1}{\sqrt{2}} & \frac{1}{\sqrt{3}} & \frac{1}{\sqrt{6}}\\ 0 & -\frac{1}{\sqrt{3}} & \frac{2}{\sqrt{6}}\\ \frac{1}{\sqrt{2}} & \frac{1}{\sqrt{3}} & \frac{1}{\sqrt{6}}\end{pmatrix},\qquad P^TAP=\begin{pmatrix}-1 & & \\ & -4 & \\ & & 5\end{pmatrix}$$

$$P=\begin{pmatrix}-\frac{1}{\sqrt{2}} & -\frac{1}{\sqrt{6}} & \frac{1}{\sqrt{3}}\\ \frac{1}{\sqrt{2}} & -\frac{1}{\sqrt{6}} & \frac{1}{\sqrt{3}}\\ 0 & \frac{2}{\sqrt{6}} & \frac{1}{\sqrt{3}}\end{pmatrix},\qquad P^TBP=\begin{pmatrix}3 & & \\ & 3 & \\ & & -3\end{pmatrix}$$

$$P=\begin{pmatrix}\frac{1}{\sqrt{3}} & -\frac{1}{\sqrt{2}} & \frac{1}{\sqrt{6}}\\ \frac{1}{\sqrt{3}} & 0 & -\frac{2}{\sqrt{6}}\\ \frac{1}{\sqrt{3}} & \frac{1}{\sqrt{2}} & \frac{1}{\sqrt{6}}\end{pmatrix},\qquad P^TCP=\begin{pmatrix}2 & & \\ & -2 & \\ & & 8\end{pmatrix}$$

$$P=\begin{pmatrix}\frac{1}{\sqrt{10}} & -\frac{3}{\sqrt{35}} & -\frac{3}{\sqrt{14}}\\ 0 & \frac{5}{\sqrt{35}} & -\frac{2}{\sqrt{14}}\\ \frac{3}{\sqrt{10}} & \frac{1}{\sqrt{35}} & \frac{1}{\sqrt{14}}\end{pmatrix},\quad P^TDP=\begin{pmatrix}1 & & \\ & 1 & \\ & & -13\end{pmatrix}$$

3.4 節の問題

3.4.4 $\exp(tA) = \begin{pmatrix} e^{-6t} & \\ & e^{4t} \end{pmatrix}$, $\exp(tB) = \begin{pmatrix} e^{3t} & & \\ & e^{4t} & \\ & & e^{-5t} \end{pmatrix}$

3.4.7 $\exp(tA) = \begin{pmatrix} \frac{e^{-6t}+9e^{4t}}{10} & \frac{3(e^{-6t}-e^{4t})}{10} \\ \frac{3(e^{-6t}-e^{4t})}{10} & \frac{9e^{-6t}+e^{4t}}{10} \end{pmatrix}$

$$\exp(tB) = \begin{pmatrix} \frac{3e^{3t}+2e^{4t}+e^{-5t}}{6} & \frac{-e^{4t}+e^{-5t}}{3} & \frac{3e^{3t}-2e^{4t}-e^{-5t}}{6} \\ \frac{-e^{4t}+e^{-5t}}{3} & \frac{e^{4t}+2e^{-5t}}{3} & \frac{e^{4t}-e^{-5t}}{3} \\ \frac{3e^{3t}-2e^{4t}-e^{-5t}}{6} & \frac{e^{4t}-e^{-5t}}{3} & \frac{3e^{3t}+2e^{4t}+e^{-5t}}{6} \end{pmatrix}$$

3.4.9

$$x_1(t) = \frac{(b_1+3b_2)e^{-6t} + 3(3b_1-b_2)e^{4t}}{10},$$

$$x_2(t) = \frac{3(b_1+3b_2)e^{-6t} - (3b_1-b_2)e^{4t}}{10}$$

3.4.11

$$x_1(t) = \frac{3(b_1+b_3)e^{3t} + 2(b_1-b_2-b_3)e^{4t} + (b_1+2b_2-b_3)e^{-5t}}{6},$$

$$x_2(t) = \frac{-(b_1-b_2-b_3)e^{4t} + (b_1+2b_2-b_3)e^{-5t}}{3},$$

$$x_3(t) = \frac{3(b_1+b_3)e^{3t} - 2(b_1-b_2-b_3)e^{4t} - (b_1+2b_2-b_3)e^{-5t}}{6}$$

3 章の演習問題

3.1 対角化可能であるのは $x = 4$ のときで

$$P = \begin{pmatrix} -1 & 1 & -1 \\ 1 & 0 & 1 \\ 0 & 1 & 1 \end{pmatrix},\ P^{-1}AP = \begin{pmatrix} 3 & & \\ & 3 & \\ & & 4 \end{pmatrix}$$

3.2 $A^5 = \begin{pmatrix} 1 & -292 & 323 \\ 0 & -496 & 528 \\ 0 & 528 & -496 \end{pmatrix}$

■**3.3** $A^n = \begin{pmatrix} -3^n + 2^{n+1} & -3^n + 2^n & -3^n + 2^n \\ 3^n - 2^n & 3^n & 3^n - 2^n \\ 3^n - 2^n & 3^n - 2^n & 3^n \end{pmatrix}$

$$B^n = \frac{1}{3}\begin{pmatrix} 2^n + 2 \times 5^n & 2^n - 5^n & 2^n - 5^n \\ 2^n - 5^n & 2^n + 2 \times 5^n & 2^n - 5^n \\ 2^n - 5^n & 2^n - 5^n & 2^n + 2 \times 5^n \end{pmatrix}$$

■**3.4**

$$x_1(t) = \frac{3(b_1 + b_2)e^{4t} + (2b_1 - 3b_2)e^{9t}}{5}, \ x_2(t) = \frac{2(b_1 + b_2)e^{4t} - (2b_1 - 3b_2)e^{9t}}{5}$$

■**3.5**

$$x_1(t) = \frac{(7b_1 + 2b_2 - 4b_3)e^{2t} - 2(b_1 + b_2 - 2b_3)e^{-3t}}{5}$$

$$x_2(t) = \frac{(-b_1 + 4b_2 + 2b_3)e^{2t} + (b_1 + b_2 - 2b_3)e^{-3t}}{5}$$

$$x_3(t) = \frac{(3b_1 + 3b_2 - b_3)e^{2t} - 3(b_1 + b_2 - 2b_3)e^{-3t}}{5}$$

4章

4章の演習問題

■**4.1** (1) 一次独立　(2) 一次独立

■**4.2** $W_A = \{\mathbf{0}\}$, $B = O_3$ なら $W_B = \mathbb{R}^3$, $B \neq O_3$ なら

$$W_B = \left\{ \begin{pmatrix} x_1 \\ x_2 \\ x_3 \end{pmatrix} \in \mathbb{R}^3 \;\middle|\; ax_1 + bx_2 + cx_3 = 0 \right\}$$

■**4.3** $\dim W = 3$ で W の基底は $\begin{pmatrix} 1 \\ 2 \\ 1 \\ 3 \end{pmatrix}, \begin{pmatrix} -2 \\ 1 \\ -1 \\ 4 \end{pmatrix}, \begin{pmatrix} 2 \\ 3 \\ 4 \\ 6 \end{pmatrix}$

■**4.4** (1) $\mathrm{Ker}\, f$ の基底は $\begin{pmatrix} 2 \\ 1 \\ 0 \\ 0 \\ 0 \end{pmatrix}, \begin{pmatrix} -\frac{13}{4} \\ 0 \\ -\frac{1}{4} \\ 1 \\ 0 \end{pmatrix}, \begin{pmatrix} \frac{11}{4} \\ 0 \\ -\frac{1}{4} \\ 0 \\ 1 \end{pmatrix}$

$\mathrm{Im}\, f$ の基底は $\begin{pmatrix} 3 \\ 1 \\ -3 \\ 1 \end{pmatrix}, \begin{pmatrix} 5 \\ -5 \\ -1 \\ 3 \end{pmatrix}$

(2) $\mathrm{Ker}\, g$ の基底は $\begin{pmatrix} \frac{5}{3} \\ -\frac{22}{3} \\ 0 \\ 1 \\ 0 \end{pmatrix}, \begin{pmatrix} \frac{23}{9} \\ -\frac{58}{9} \\ \frac{2}{3} \\ 0 \\ 1 \end{pmatrix}$

$\mathrm{Im}\, g$ の基底は $\begin{pmatrix} 2 \\ -5 \\ 2 \\ 4 \end{pmatrix}, \begin{pmatrix} 1 \\ -1 \\ 1 \\ 2 \end{pmatrix}, \begin{pmatrix} 5 \\ 2 \\ -1 \\ 7 \end{pmatrix}$

4.5 $\begin{pmatrix} \frac{26}{5} & -\frac{8}{5} & \frac{28}{5} \\ -\frac{8}{5} & \frac{14}{5} & -\frac{4}{5} \\ 1 & -3 & -1 \end{pmatrix}$

4.6 $\begin{pmatrix} 33 & 20 & -17 & 56 \\ 58 & 29 & -24 & 90 \\ -70 & -31 & 28 & -114 \end{pmatrix}$

索　引

あ 行

か 行

さ 行

た 行

な 行

は 行

ま 行

や 行

ら 行

英数字

著者略歴

石《いし》田《だ》敦《あつ》英《ひで》

2013年3月　神戸大学大学院理学研究科数学専攻博士課程
後期課程修了 博士（理学）

現　在　東京理科大学教養教育研究院葛飾キャンパス
教養部 准教授

機械工学ライブラリ＝**UKM–12**

理工系のための **線形代数**

2023年3月25日©　　初　版　発　行

著　者　石田敦英　　発行者　矢沢和俊
印刷者　大道成則

【発行】　株式会社　**数理工学社**

〒151-0051　東京都渋谷区千駄ヶ谷1丁目3番25号
編集　☎ (03)5474–8661（代）　サイエンスビル

【発売】　株式会社　**サイエンス社**

〒151-0051　東京都渋谷区千駄ヶ谷1丁目3番25号
営業　☎ (03)5474–8500（代）　振替 00170–7–2387
FAX　☎ (03)5474–8900

印刷・製本　(株)太洋社

《検印省略》

ISBN978–4–86481–099–9

PRINTED IN JAPAN

サイエンス社・数理工学社の
ホームページのご案内
https://www.saiensu.co.jp
ご意見・ご要望は
suuri@saiensu.co.jp　まで．